高职高专电子信息类专业系列教材（微电子技术专业）

微电子封装技术

主　编　李荣茂
副主编　刘　斌　董海青　付　英
参　编　潘　俊　赵丽芳　韩　萌
主　审　揣荣岩　韩　娜

机械工业出版社

本书从微电子封装技术的实际操作出发，内容包括微电子封装技术绪论、封装工艺流程、包封和密封技术、厚膜和薄膜技术、器件级封装、模组组装和光电子封装。微电子封装技术绪论部分主要介绍了微电子封装技术的发展历程、技术层次和类别、功能等；封装工艺流程部分详细介绍了工艺中的每一道工序，其中部分工序是可以在封装试验中进行实践操作的，既增强了学生的动手能力，又加深了学生对理论知识的印象；包封和密封技术主要介绍了封装过程中密封的方法、种类和工艺等内容；厚膜和薄膜技术主要介绍了集成电路中的厚膜和薄膜电路的工艺和材料等内容；器件级封装中详细介绍了三种常用的封装技术：金属封装、塑料封装和陶瓷封装，首先详细介绍了三种封装的材料和工艺流程等，然后列举了目前实际生产中常见的封装实例：双列直插式封装、四边扁平封装、球栅阵列封装、芯片尺寸封装和晶圆级封装，并详细介绍了每一种封装的技术、类别和特点；模组组装和光电子封装部分重点介绍了目前常用的两种组装技术和光电子器件的封装技术。

本书适合高职高专微电子技术专业的学生使用，也可以作为其他电子信息类专业学生的自学参考用书。

为方便教学，本书有电子课件、习题答案、模拟试卷及答案等，凡选用本书作为授课教材的老师，均可通过电话（010-88379564）或 QQ（3045474130）咨询。

图书在版编目（CIP）数据

微电子封装技术/李荣茂主编. —北京：机械工业出版社，2016.2（2025.1 重印）
高职高专电子信息类专业系列教材. 微电子技术专业
ISBN 978-7-111-52788-6（2025.1 重印）

Ⅰ. ①微… Ⅱ. ①李… Ⅲ. ①微电子技术-封装工艺-高等职业教育-教材 Ⅳ. ①TN405.94

中国版本图书馆 CIP 数据核字（2016）第 008417 号

机械工业出版社（北京市百万庄大街 22 号 邮政编码 100037）
策划编辑：曲世海 责任编辑：曲世海 冯睿娟
封面设计：马精明 责任印制：张 博
北京雁林吉兆印刷有限公司印刷
2025 年 1 月第 1 版第 5 次印刷
184mm×260mm · 9.5 印张 · 229 千字
标准书号：ISBN 978-7-111-52788-6
定价：32.00 元

电话服务 　　　　　　　　网络服务
客服电话：010-88361066 　　机 工 官 网：www.cmpbook.com
　　　　　010-88379833 　　机 工 官 博：weibo.com/cmp1952
　　　　　010-68326294 　　金 书 网：www.golden-book.com
封底无防伪标均为盗版 　机工教育服务网：www.cmpedu.com

前　言

随着微电子技术的迅速发展，集成电路在现实生活中的应用越来越普及，而现在电子产品又向便携性、易用性、功能强大性等方向发展，这就要求提供给用户的集成电路芯片成品必须满足"短、小、轻、薄"的要求。

本书是面向高职高专微电子技术专业的学生编写的。本书分为6章，第1章主要介绍了微电子封装技术的发展历程、技术层次和类别、功能等；第2章主要讲述了微电子封装的基本工艺流程，对每一道工序进行了详细的介绍；第3章主要介绍了封装过程中密封的方法、种类和工艺等内容；第4章主要介绍了集成电路中的厚膜和薄膜电路的工艺和材料等内容；第5章主要讲述了器件级封装技术，首先介绍了常用的微电子封装技术（金属封装、塑料封装和陶瓷封装），然后介绍了目前常见的几种封装形式（双列直插式封装、四边扁平封装、球栅阵列封装、芯片尺寸封装和晶圆级封装），详细讲解了每一种封装形式的基本特点、类型等；第6章主要讲述了模组组装和光电子封装技术，模组组装部分主要讲述了两种常用的组装技术（通孔插装技术和表面贴装技术），光电子封装部分简单介绍了光电子器件的封装技术。

本书由李荣茂任主编，刘斌、董海青、付英任副主编，参编包括潘俊、赵丽芳、韩萌，其中第1章由李荣茂和韩萌编写，第2章由李荣茂和付英编写，第3章由刘斌和付英编写，第4章由刘斌和董海青编写，第5章由潘俊和董海青编写，第6章由李荣茂和赵丽芳编写。本书由沈阳工业大学的揣荣岩教授负责全面的审核。

由于微电子技术在不断发展，微电子封装技术也在不断发展、改进和完善，加之编者水平有限，书中难免存在一些不足和错误，恳请广大读者批评指正。

编　者

目　　录

第1章 绪 论

教学目标：
- 了解微电子封装技术的发展演变
- 了解微电子封装技术的特点和趋势
- 了解我国微电子封装技术的发展现状
- 了解微电子封装的技术层次
- 了解微电子封装技术的主要功能
- 了解微电子封装的发展动力

"封装"一词是伴随着集成电路芯片制造技术的产生而出现的。早在真空电子管时代，将真空电子管等器件安装在管座上构成电路设备的方法称为"组装或装配"，后来晶体管和集成电路的问世，改写了电子工程的历史。一方面，这些半导体元器件细小易碎，另一方面，集成电路功能强大，性能优良。为了充分发挥半导体元器件和集成电路的功能，需要对其密封并补强，以便实现与外围电路可靠的电气连接并得到有效的机械和绝缘方面的保护，防止外力或环境因素引起的破坏，这就是封装的雏形。

电子封装从广义的概念讲是指封装工程，即将半导体器件和电子元器件所具有的电子的、物理的功能，转变为适用于设备和系统的形式，并使之为人类社会服务的科学与技术。或简言之，"将构成电子回路的半导体器件、电子元件组合成电子设备的综合技术"。狭义上封装的定义可理解为：利用膜技术及微细加工技术，将芯片及其他构成要素在框架或基板上布置、粘贴固定及连接，引出接线端子，并通过塑性绝缘介质灌封固定，构成整体立体结构的工艺技术。所以它并不是单指半导体器件的封装，半导体器件的封装只是其中的一部分。

1.1 概述

1.1.1 封装技术的历史

实现社会信息化的关键是各种计算机设备和通信设备，但是所有这些的基础是微电子技术。1946 年世界上第一台计算机（电子数值积分器和计算器，Electronic Numerical Integrator and Computer，ENIAC）重 30t，占地面积 150m²，如今的普通个人计算机，重量仅为几千克。造成该巨大变革的技术基础就是微电子技术。而在这些微电子技术中最重要的应用是半导体元器件和集成电路（Integrated Circuit，IC）的应用。

各种各样的半导体元器件和集成电路为了在电路中方便使用和焊接，就需要有外壳外接引脚；为了固定小的集成电路芯片，要有支撑它的外壳底座；为了防护芯片不受大气环境的污染，也为了其坚固耐用，就必须有把芯片密封起来的外壳等。因此说，自从 1947 年美国电报电话公司（AT&T）贝尔实验室的三位科学家巴丁、布莱顿和肖克莱发明第一只晶体管起，就同时开创了微电子封装的历史。

电子系统中的有源器件从电子管到现在的超大规模集成电路经历了大约 100 年的时间，而系统所占的体积变化远远不止 100 倍，体积的缩小得益于电子封装工程的发展。20 世纪 50 年代以三根引线的晶体管外壳（Transistor Outline，TO）型金属-玻璃外壳为主，后来又发展为各类陶瓷、塑料封装外壳。随着晶体管的日益广泛应用，晶体管取代了电子管的地位，其工艺技术也日臻完善。在晶体管经过 10 年的发展后，于 1958 年研制成功第一块集成电路，这样集成多个晶体管的集成电路的输入/输出（I/O）引脚也相应增加，大大推动了多引脚封装外壳的发展。由于集成电路的集成度越来越高，60 年代中期，集成电路由小规模集成电路（Small Scale Integration，SSI）迅速发展成中等规模集成电路（Medium Scale Integration，MSI），相应的 I/O 引脚也由数个增加至数十个，因此要求封装引脚越来越多，原来的 TO 型封装外壳已不再适用，于是，60 年代出现了双列直插式引脚封装（Double In-Line Package，DIP）。这种封装结构很好地解决了陶瓷与金属引脚的结合问题，热性能和电性能俱佳。DIP 一出现就赢得了 IC 厂商的青睐，并很快获得了推广应用。引脚数为 4～64 的 DIP 均开发出系列产品，成为 70 年代中小规模 IC 电子封装的系列主导产品。后来又相继开发出塑封 DIP，既降低了成本，又便于工业化生产，在大量民用产品中迅速广泛使用，至今仍然沿用。

20 世纪 70 年代，集成电路得到飞速发展，出现了大规模集成电路（Large Scale Integration，LSI），这时的 LSI 与前面的其他 IC 相比，其集成度已经发生了质的变化。不单单是元器件集成的数量大大增加，而且集成的对象也发生了变化，集成对象既可以是一个具有复杂功能的部件，也可以是一台电子整机。这个阶段集成度增加的同时，芯片的尺寸也在不断变大。

20 世纪 80 年代，随着微电子封装技术出现的一场革命——表面安装技术（Surface Mounted Technology，SMT）的发展，与此相适应的各类表面安装元器件（Surface Mounted Component/Device，SMC/SMD）封装形式也如雨后春笋般出现，诸如无引脚陶瓷片式载体（Leadless Ceramic Chip Carrier，LCCC）、塑料有引脚片式载体（Plastic Leaded Chip Carrier，PLCC）和四边引脚扁平封装（Quad Flat Package，QFP）等，并于 80 年代初达到标准化，开始批量生产。由于改性环氧树脂材料的性能不断提高，使封装密度高、引脚间距小、成本低、适合大规模生产并适用于 SMT 的塑料四边引脚扁平封装（Plastic Quad Flat Package，PQFP）迅速成为 20 世纪 80 年代微电子封装的主导产品，I/O 引脚数也高达 208～240 个。同时，用于 SMT 的中小规模集成电路的封装以及 I/O 数不多的 LSI 芯片封装采用了由荷兰飞利浦公司 70 年代研制开发的小外形封装（Small Outline Package，SOP），其实这种封装就是适用于 SMT 的 DIP 的变形。

20 世纪 80 年代至 90 年代，随着 IC 特征尺寸的不断减小以及集成度的不断提高，芯片尺寸也不断增大，集成电路发展到超大规模集成电路（Very Large Scale Integration，VLSI）阶段，其 I/O 引脚数达到数百个，甚至超过 1000 个。原来四边引脚的 QFP 以及其他类型的电子封装已不能满足封装 VLSI 的要求。于是，微电子封装引脚由周边型发展成面阵型，如点阵列式（Pin Grid Array，PGA）封装。然而用 PGA 封装 I/O 引脚数量低的 LSI 尚有优势，用它封装 I/O 引脚数量高的 VLSI 时就无能为力了，一是体积大，重量大；二是制作工艺复杂，成本高；三是不能使用 SMT 进行表面安装，难以实现工业化规模生产。综合了 QFP 和 PGA 的优点后，研制出了新一代微电子封装——球栅阵列（Ball Grid Array，BGA）封装。至此，多年来一直大大滞后于芯片发展的微电子封装，由于 BGA 的开发成功而终于能够适应芯片的发展步伐。但是，历来存在的芯片小而封装面积大的矛盾并没有真正解决。例如，20 世纪 70 年代流行的 DIP 封装，以 40 个 I/O 引脚的 CPU 为例，封装面积与芯片面积之比为 $(15.24 \times 50):(3 \times 3) = 85:1$；20 世纪 80 年代的 QFP 封装尺寸虽然大大减小，但封装面积与芯片面积之比依然很大，以 0.5mm 节距、208 个 I/O 引脚的 QFP 封装为例，要封装 $10 \times 10mm^2$ 的芯片，需要 $28 \times 28mm^2$ 的封装面积，这样，其封装面积与芯片面积之比为 $(28 \times 28):(10 \times 10) = 7.8:1$，即封装面积仍然比芯片面积大 7 倍左右。

美国和日本继开发出 BGA 封装之后，又开发出芯片尺寸封装（Chip Size Package，CSP）。CSP 的封装面积与芯片面积之比小于 1.2:1，这样 CSP 便解决了长期存在的芯片小而封装大的根本矛盾。

然而，随着电子技术的进步和信息技术的飞速发展，电子系统的功能不断增强，布线和安装密度越来越高，加上 IC 向高速、高频方向发展，应用范围也更加广泛，都对所安装的 IC 的可靠性提出了更高的要求，同时，要求电子产品既经济又坚固耐用。为了充分发挥芯片自身的功能和优势，就不需要将每个 IC 芯片都封装好了再组装到一起，而是将多个未加封装的通用 IC 芯片和专用 IC（Application Specific Integrated Circuit，ASIC）芯片先按照电子系统的功能安装在多层布线基板上，再将所有芯片互连后整体封装起来，这就是所谓的多芯片组件（Multi Chip Module，MCM），它使电子封装技术达到了新的阶段。

以上的微电子封装都局限于 x、y 平面的二维电子封装，在二维电子封装技术的基础上又发展成为三维封装技术，它使电子产品的密度更高、功能更强、性能更好、可靠性更高，而相对成本更低。

未来的微电子封装将向系统级封装（System On a Package，SOP；System In a Package，SIP）发展，典型的封装是单级集成模块（Single Level Integrated Module，SLIM），即将各类元器件、布线、介质以及各种通用 IC 芯片和专用 IC 芯片甚至射频和光电器件都集成在一个电子封装系统内。

1.1.2　微电子封装技术的特点和趋势

自晶体管出现时，就出现了微电子封装技术。微电子封装技术一向是跟随有源器件芯片的发展而发展的，而先进微电子封装技术则是追随集成电路芯片的发展而发展的。因此，要了解微电子封装技术的发展，首先要了解集成电路的发展。

从 1958 年美国德州仪器公司研制出由两个晶体管组成的第一个集成电路开始，到 1962年美国德州仪器公司首先建成世界上第一条集成电路生产线，再到今天的各种集成电路的广泛应用，集成电路一直按照摩尔定律（即每隔 18 个月单片芯片上的晶体管数量将会翻一番）的规律在发展。下面以 Intel 公司的 CPU 为例，简单了解一下集成电路的发展。图 1-1 所示为 Intel 公司早期 CPU 集成度的发展过程。

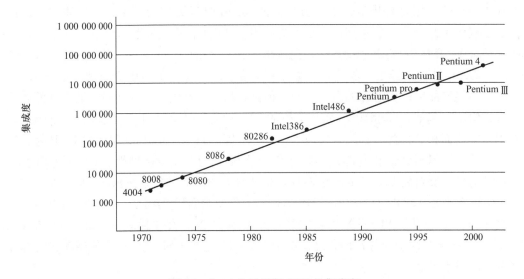

图 1-1　Intel 公司早期 CPU 的集成度

由图 1-1 可以看出，集成电路芯片的集成度基本遵循摩尔定律变化。随着集成度的越来越高，芯片的功能越来越强大，对应的 I/O 引脚也越来越多。

由前面的 IC 发展可以看出，使微电子封装技术面临严峻挑战的是芯片面积更大、功能更强、结构更复杂及工作频率更高，特别是 I/O 引脚数在急剧地增大；再就是市场的竞争，要求各类微电子封装的电子产品质优价廉。这些都对微电子封装技术提出了更高的要求，也使微电子封装技术呈现出先进封装层出不穷的良好局面。概括起来微电子封装技术有如下一些特点：

1）微电子封装向高密度和高 I/O 引脚数发展，引脚由四边引出向面阵排列发展。目前，LSI 和 VLSI 的集成度越来越高，其单位体积内的信息量随之提高，I/O 引脚数也已超过 1000 个，四边引出封装的引脚节距越来越小，封装的难度越来越大。用各种 DIP 和 SOP 只能满足 100 个以下 I/O 引脚的封装要求，PQFP 在缩小引脚节距的情况下虽然能达到封装376 个 I/O 引脚的能力，但封装 300 个以下的 I/O 引脚更适宜。而陶瓷焊柱阵列（Ceramic Column Grid Array，CCGA）封装已达到 1089 个引脚，陶瓷 BGA（CBGA）已经达到 625个引脚，焊球节距已达 0.5mm，塑封 BGA（PBGA）达到 2600 个引脚以上。

2）微电子封装向表面安装式封装（SMP）发展，以适合表面安装技术（SMT）。

3）从陶瓷封装向塑料封装发展。目前以 PDIP、SOP 和 PQFP 为代表的塑料封装始终占市场总产量的绝大多数，而陶瓷封装所占比例则有所下降，特别是全球范围内手机等移动设备的广泛应用，推动了芯片尺寸封装、三维封装及集多个封装于一体的塑料封装的广泛应用。

4）从注重发展 IC 芯片向先发展后道封装再发展芯片转移。由于封装技术对芯片的制约，以及芯片制造投资大、发展慢，而后道封装却投资小、见效快，所以各国都纷纷建立独立的后道封装厂。前几年，封装曾向东南亚和南亚转移，近几年都看好中国，大有纷纷抢占中国微电子封装市场的趋势。现在已有多家外商在中国内地独资或合资建厂。

根据 IC 的发展趋势，再结合电子整机和系统的高性能化、多功能化、小型化、便携式、高可靠性以及低成本要求，可以推断微电子封装的发展趋势。归结起来有以下几个方面：

1）电子封装将具有更多的 I/O 引脚。

2）微电子封装应具有更高的电性能和热性能。

3）电子封装将更轻、更薄、更小。

4）电子封装将更便于安装、使用和返修。

5）微电子封装的可靠性将更高。

6）微电子封装的性价比将更高，而成本却更低。

1.1.3　微电子封装技术的重要性

一块 IC 一旦制造出来，就包含了所设计的一定功能，只要使用中能有效地发挥其功能，并具有一定的可靠性，芯片要不要进行"封装"本来无关紧要，因为封装并不能添加任何价值，相反，不适宜的封装反倒会使其功能降低。事实上，系统开发者很早就试图摆脱封装而将 IC 芯片直接安装到电路基板上，但直到今天，由于各种各样的原因仍然没有实现。这是因为使用封装后的 IC 芯片有诸多好处，如可对脆弱、敏感的 IC 芯片加以保护，易于进行测试，易于传送，易于返修，引脚便于实行标准化进而适合装配，还可以改善 IC 的热失配等，所以各类 IC 芯片仍要进行封装。

随着微电子技术的发展，芯片特征尺寸不断缩小，在一块硅芯片上已经能集成上千万个或更多个门电路，促使集成电路的功能更高、更强，再加上整机和系统的小型化、高性能、高密度和高可靠性要求，市场上性价比的竞争，以及 IC 品种和应用的不断扩展，这些都促进微电子封装的设计和制造技术不断向前发展，各类新的封装技术和结构层出不穷。反过来，微电子封装技术的提高，又促进了器件和集成电路的发展。而且随着电子系统的小型化和高性能化，微电子封装对系统的影响已变得和芯片一样重要。例如，具有同样功能的电子系统，既可以用单芯片封装进行组装，也可以用 MCM 这一先进的封装技术，后者不但封装密度高，电性能更好，而且与等效的单芯片封装相比，体积可以减小 $80\% \sim 90\%$，芯片到芯片的延迟减小 75%。由此可见，微电子封装对电子整机系统有巨大的影响。所以，微电子封装不但直接影响着 IC 本身的电性能、热性能、光性能和机械性能，还在很大程度上决定了电子整机系统的小型化、可靠性和成本。而且，随着越来越多的新型集成电路采用高 I/O 引脚数封装，封装成本在器件总成本中所占的比重也越来越高，并有继续发展的趋势。现在，国际上已将微电子封装作为一个单独的产业来发展了，并已与 IC 设计、IC 制造和 IC 测试并列，构成 IC 产业的四大支柱。它们既相互独立，又密不可分，不仅影响着电子信息产业乃至国民经济的发展，而且与每个家庭的现代化也息息相关。有关统计资料表明，60

年前，每个家庭只有约 5 只有源器件，而今天已拥有 10 亿只以上的有源器件了。所以说微电子封装与国计民生的关系会越来越紧密，其重要地位是不言而喻的。目前微电子封装技术已经涉及材料、电子、热学、力学和化学等多种学科，是越来越受到重视并与 IC 芯片同步发展的高新技术。

1.1.4　我国微电子封装技术的现状及发展对策

我国的微电子封装技术经过"七五""八五"和"九五"科技攻关，针对军品和民品应用而研制开发出一批新型的微电子封装结构，如 LCCC、PLCC、PGA、QFP、BGA、引线框架和低 I/O 引脚数的 SOP，芯片互连技术有载带自动键合（TAB）和倒装芯片键合（FCB）等。其中，16～132 只引脚的 LCCC、44～257 只引脚的 PGA 和 8～32 只引脚的 SOP 已基本形成系列，44～160 只引脚的 QFP 也有了一些品种，68～160 只引脚的引线框架也已经开发出来。所有这些都使我们在科研和生产实践中锻炼、培养了一支已具备独立设计、开发和吸收国外新的微电子封装技术能力的科研和生产队伍，也建立了一批塑封骨干厂和若干个陶瓷、外壳厂，人们对微电子封装的认识也有了一定的提高。最近几年，合资封装企业异军突起，蓬勃发展。

但从整体上来说，我国的微电子封装行业还比较弱小和落后。与国际微电子封装行业相比，我国仍沿用陈旧的设备、老的工艺技术、落后的管理模式和手工作坊式的生产方式，再加上微电子封装行业布点分散，封装规模又小，投资又十分短缺，这就使整个微电子封装行业发展十分缓慢。长期以来，人们一直重视前道的 IC 芯片，投资研制、开发和生产，而忽视后道微电子封装。当前我国对 IC 封装的需求与我国的生产能力相差很大，2014 年我国国内的 IC 产量在 1300 亿块左右，但国内现有封装企业很难满足这些芯片的封装要求。由此可见，我国的微电子封装产业与需求之间发展不协调。

针对国际上微电子封装技术的迅猛发展和我国十分落后的现状，建议采取以下对策：

1）逐步提高认识，转变观念，将微电子封装行业作为独立的高新技术产业来加大投资、积极发展。与前道 IC 芯片需要大量投资（至少数十亿美元）、大量的高精尖设备仪器、大规模的超净厂房和各种超净气体及化学试剂相比，后道微电子封装是劳动密集型的行业，可以吸纳更多的人员就业，而且资金投入上见效快，技术难度比制作 IC 芯片低，只要组织一定的技术力量攻关，关键技术很容易突破。我国劳动力资源雄厚，仅此一项就使封装的电子产品在国际上具有竞争力。只要建立起一定数量和一定规模的微电子封装产业，无论立足国内或国际、当前或长远都是十分有利的。

2）联合起来，统筹规划，分工协作，共同发展才有出路。我国已有的一些微电子封装企业规模不够大，设备与技术相对落后，管理又跟不上，无力考虑大量资金投入，做长远发展的打算。而联合起来，统筹规划，调动资金，再分工协作完成，企业就可快速发展，并走上良性循环的道路。

3）面向国际市场竞争，立足满足国内的需求。要高起点，避免低水平的重复引进，要引进高水平的项目，如 BGA、CSP 等，参与国际竞争。对国内的需求，不应再引进国际上即将过时的微电子封装技术，而应大力发展或引进用量大的 SOP 型和 PQFP 型封装，而且应以窄节距、薄型结构为主，避免形成低水平产品结构的微电子封装工业体系，以利于微电子封装技术的不断转型和更新。

4）利用我国已加入 WTO 的条件，积极开展国际合作，主动迎接国际上先进的微电子封装企业前来合作办厂。一些先进的微电子封装企业，如英特尔公司和三星公司等，在美、日、韩等国家都竞相投资建厂，大力发展。但考虑到劳动力的成本，他们纷纷看好中国的大市场，有的已独资建厂，也有很多企业希望合资建厂。这既是挑战，又是解决我们资金技术缺乏问题且获得良好发展的大好机会，既能生产出世界上先进的微电子封装产品，也能带动我国微电子封装技术的发展。

1.2 微电子封装的技术层次及分类

1.2.1 微电子封装的技术层次

封装工程是在集成电路芯片制造好之后开始的，包括集成电路芯片的粘贴固定、互连、密封、封装、板级互连、系统组合，直至最终产品的完成。

从由硅圆片制作出各类芯片开始，微电子封装可以分为四个层次：

1）第一层次，又称为芯片层次的封装，即用封装外壳将芯片封装成单芯片组件（Single Chip Module，SCM）和多芯片组件的一级封装，是把集成电路芯片与封装基板或引脚架之间粘贴固定、电路连线与封装保护的工艺，使之成为易于取放输送，并可与下一层次组装进行连接的模块元器件。

2）第二层次，将数个第一层次完成的封装与其他电子元器件组合成一个电路卡的工艺。

3）第三层次，将数个第二层次完成的封装组装成的电路卡组装在一个主电路板上，使之成为一个部件或子系统的工艺。

4）第四层次，将数个第三层次组装好的子系统再组装成一个完整电子产品的工艺过程。芯片封装技术的层次分类示意图如图 1-2 所示。

在芯片上的集成电路元器件之间的连线工艺也称为零级层次的封装，因此封装工程也可以用五个层次进行区分。

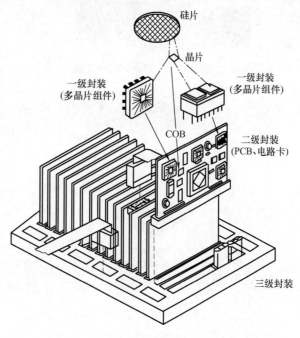

图 1-2 芯片封装技术的层次分类示意图

1.2.2　微电子封装的分类

微电子封装的分类有多种方式，可以按照芯片数目、材料、引脚分布形式和连接方式等分类。

按照封装中所组合的集成电路芯片的数目区分，芯片封装可分为单芯片封装（Single Chip Package，SCP）和多芯片封装（Multichip Package，MCP）两大类，多芯片封装也包括多芯片组件（模块）封装（Multichip Module，MCM）。通常 MCP 指层次较低的多芯片封装，而 MCM 指层次较高的多芯片封装。

按照密封所用的材料区分，封装可以分为陶瓷和高分子材料（塑料）两大类。陶瓷封装的热性质稳定，热传导性能优良，对水分子渗透有良好的阻隔能力，因此是主要的高可靠性封装方法；塑料封装的热性质与可靠性虽然低于陶瓷封装，但它具有工艺自动化、低成本、薄型化封装等优点，而且随着工艺技术与材料技术的进步，其可靠性已有相当大的改善，塑料封装也是目前市场最常用的封装。

按照引脚分布形态区分，封装可以分为单边引脚、双边引脚、四边引脚和底部引脚等 4 种。常见的单边引脚有单列式封装（Single Inline Package，SIP）与交叉引脚式封装（Zig-zag Inline Package，ZIP）；双边引脚有双列式封装（Dual Inline Package，DIP）、小外形封装（Small Outline Package，SOP）等；四边引脚有四边扁平封装（Quad Inline Package，QIP）；底部引脚有金属罐式（Metal Can Package，MCP）和点阵列式封装（Pin Grid Array，PGA）。

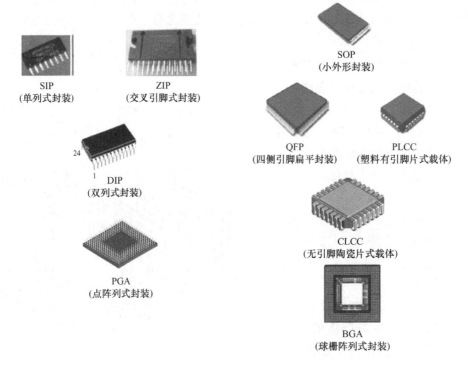

图 1-3　常见封装类型的外观示意图

按照器件与电路板互连方式区分，封装可以分为引脚插入型（Pin-Through-Hole，PTH）和表面贴装型（Surface Mount Technology，SMT）两大类。PTH 器件的引脚为细针状或薄板状金属，以供插入底座或电路板的导孔中进行焊接固定。SMT 器件则先粘贴于电路板上再进行焊接，它具有海鸥翅形、钩形、直柄形的金属引脚或电极凸块引脚。

按照基板类型区分，可以分为有机基板和无机基板；从基板结构上分，可以分为单层基板、双层基板、多层基板和复合基板等。

由于产品小型化及功能提升的需求和工艺技术的进步，封装的形式和内部结构也有许多不同。例如，为了缩小封装的体积和高度，DIP 有 Shrink DIP、Skinny DIP 等，其他的封装有薄型或超薄型，如 TSOP、UTSOP、TQFP 等。

图 1-3 所示为常见封装类型的外观示意图。

目前常见的微电子封装类型的汇总如下所示：

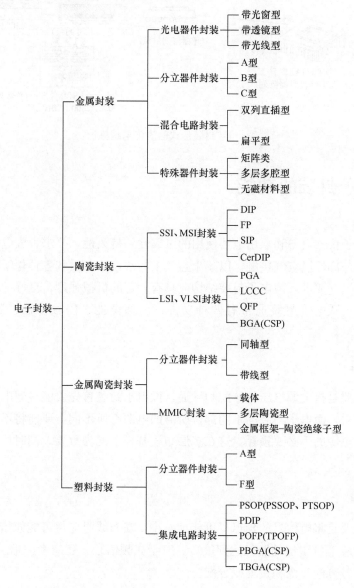

封装形式的演化与趋势如图 1-4 所示。

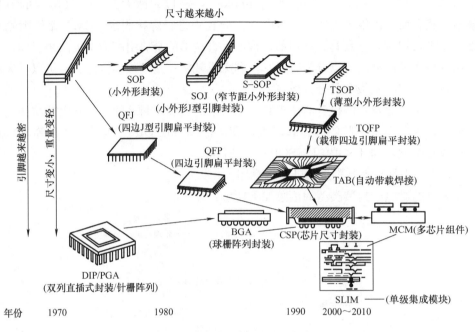

图 1-4　封装形式的演化与趋势

1.3　微电子封装的功能

为了保持电子仪器设备和家用电器使用的可靠性和持久性，要求集成电路模块的内部芯片要尽量避免和外部环境空气接触，以减小空气中的水汽、杂质和各种化学物质对芯片的污染和腐蚀。根据这一要求，微电子封装结构应具有一定的机械强度，良好的电气性能和散热性能。概括来说，微电子封装通常有四种功能：传递电能、信号传输、散热通道和机械支撑。

1. 传递电能

传递电能主要是指电源电压的分配和导通。微电子封装首先要能接通电源，使芯片与电路流通电流。其次，微电子封装的不同部位所需的电源有所不同，要能将不同部位的电源分配恰当，以减少电源的不必要损耗，这在多层布线基板上尤为重要。同时，还要考虑接地线的分配问题。

2. 信号传输

信号传输主要是将电信号的延迟尽可能地减小，在布线时应尽可能使信号线与芯片的互连路径及通过封装 I/O 引出的路径达到最短。对于高频信号，还应考虑信号间的串扰问题，以进行合理的信号分配布线和接地线分配。

3. 散热通道

散热通道主要是指各种微电子封装都要考虑器件、部件长期工作时如何将聚集的热量散出的问题。不同的封装结构和材料具有不同的散热效果，对于功耗大的微电子封装，还应考虑附加热沉或使用强制风冷、水冷方式，以保证系统在使用温度要求的范围内能正常工作。

4. 机械支撑

机械支撑主要是指微电子封装可以为芯片和其他部件提供牢固可靠的机械支撑，并能适应各种工作环境和条件的变化。半导体器件和电路的许多参数（如击穿电压、反向电流、电流放大系数、噪声等），以及器件的稳定性、可靠性都直接与半导体表面的状态密度相关。半导体器件和电路制造过程中的许多工艺措施也是针对半导体表面问题的。半导体芯片制造出来后，在没有将其封装之前，始终都处于周围环境的威胁之中。在使用中，有的环境条件极为恶劣，必须将芯片严加密封和包封。所以微电子封装对芯片的保护作用显得尤为重要。

1.4 微电子封装技术发展的驱动力

任何微电子器件都由芯片和封装两个基本组成部分组成，二者是相互依存、相互促进、共同发展的。可以说，有一代电子整机，便有一代 IC 和与此相适应的一代微电子封装。因此，微电子封装技术的发展是与电子整机和 IC 的发展密切相关的。同时，由于电子产品之间的激烈竞争，也使电子产品的性价比不断提高，出现了许多高性能、高质量的新型微电子封装。下面对微电子封装发展的驱动力加以论述。

1. IC 发展对微电子封装的驱动

众所周知，IC 的发展水平通常都是以 IC 的集成度及相应的特征尺寸为依据的。集成度决定着 IC 的规模，而特征尺寸则标志着工艺水平的高低。自 20 世纪 70 年代以来，IC 的特征尺寸几乎每 4 年缩小一半。RAM、DRAM 和 MPU 的集成度每年递增 50％和 35％，每 3 年就推出新一代 DRAM。但集成度增长的速度快，特征尺寸缩小得慢，这样又使 IC 在集成度提高的同时，单个芯片的面积也不断增大，大约每年增大 13％。同时，随着 IC 集成度的提高和功能的不断增加，IC 的 I/O 数也随之提高，相应的微电子封装的 I/O 引脚数也随之增加。例如，一个集成 50 万门阵列的 IC 芯片，就需要一个有 700 个 I/O 引脚的微电子封装。这样高的 I/O 引脚数，要把 IC 芯片封装并引脚出来，若沿用大引脚节距且双边引出的微电子封装（如 2.54mmDIP），显然壳体大而重，安装面积不允许。从事微电子封装的专家必然要改进封装结构，如将双边引出改为四边引出，这就是后来的 LCCC、PLCC 和 QFP，其 I/O 引脚节距也缩小到 0.4mm，甚至 0.3mm。随着 IC 的集成度和 I/O 数的进一步增加，再继续缩小节距，工艺上已经难以实施，或者组装焊接的成品率很低（如 0.3mm 的 QFP 组装焊接失效率高达 6‰）。于是，封装的引脚由四边引出发展成为面阵引出，这样，与 QFP 同样的尺寸，节距即使为 1mm，也能满足封装具有更多 I/O 数的 IC 的要求，这就是正在高速发展的先进的 BGA 封装。

2. 电子整机发展对微电子封装的驱动

电子整机的高性能、多功能、小型化、便携化、低成本和高可靠性等要求，促使微电子封装由插装型向表面安装型发展，并继续向薄型、超薄型、窄节距发展，进一步由窄节距的四边引出向面阵排列 I/O 引脚发展。其封装结构由 DIP、PGA 向 SOP（TSOP）、LCCC、PLCC、QFP（PQFP、TPQFP）、BGA、CSP、MCM、裸芯片直接芯片连接技术（Direct Chip Attach，DCA）等发展。相应的安装基板也由单层板向多层板发展。

3. 市场发展对微电子封装的驱动

微电子工业由于其固有的高投入，一向被认为是"吞金业"。而它的高技术含量和日新月异的进步，每 4～5 年芯片产量就翻一番，使其又有丰厚的利润回报，因此，微电子工业又被称为"产金业"。在半导体市场销售额几乎每 4 年翻一番的同时，销售额的年增长率也大致每 4 年有一次大的涨落。而且，微电子技术固有的快速更新和向其他领域的渗透，使其又存在着激烈的竞争。微电子技术的应用扩展到各个领域，深入到每个家庭和个人，使微电子封装业又呈现出蓬勃发展的局面，微电子封装业不再是以往前道芯片产业的附属，而纷纷单独成立的众多封装厂家，并直接服务于用户，成为强大的封装产业。这样，封装产业和市场共同推动着封装技术不断向前发展。

由于电子产品的更新换代快，市场变化大，新的微电子封装产品要尽快投放市场，不但要交货及时，还要质量好、品种多、花样新、价格低、服务好等，归结起来就是性价比高。近 30 年来，电子封装业从 DIP 到 SOP、QFP，再到 BGA、MCM 是微电子封装发展的必然之路。而塑料封装的低成本、广泛的适应性以及适应于大规模自动化生产，再加上低应力、低杂质含量、高黏附强度模塑料的应用等，使其比金属、陶瓷具有更高的性价比。所以，塑料封装占整个微电子封装的比例高达 90％以上就不足为奇了。

1.5   微电子封装技术与当代电子信息技术

当今，全球正处于电子信息技术时代，这一时代的重要特征之一是以电子计算机为核心，以各类飞速发展的 LSI 和 VLSI 为物质基础。电子信息技术由此推动、变革着整个人类社会，极大地改变着人们的生活方式与工作方式，并成为一个国家国力强弱的重要标志之一。人们正充分享受着现代电子信息技术带来的种种便利，真正达到互联网络全球通、漫游世界在掌中的美好境界。

据专家分析，21 世纪有望成为主流的产业依次为信息、通信、医疗保健、半导体和消费类电子，而满足这些产业要求的基础与核心仍然是 IC。21 世纪还将是知识经济的时代，而 IC 技术是最具知识经济特征的技术，因为这些领域越来越要求电子产品具有高性能、多功能、高可靠性以及小型化、薄型化、便携化，还要求电子产品满足大众化所需要的低成本等。

由于 IC 产业的飞速发展，现在制造出各种 LSI 和 VLSI 并非难事。然而，由于它们的 I/O 少则数十个，多则数百个，甚至高达上千个，因此，如何应用合适的封装结构将 IC 的功能发挥出来就成了难题。美、日等发达国家经过 10 多年的研制开发，终于完成了可替代 DIP 的 QFP 封装结构，并使之成为 SMT 的主流封装形式。然而，尽管这类封装的引脚节距一再缩小，直到 0.3mm 的工艺极限，也难以封装出具有数百上千个引脚的 VLSI 芯片。而面阵引脚的 BGA 封装结构成为 IC 封装的救星，CSP 与裸芯片的面积相当或仅仅大一点点，使长期困扰人们的 IC 芯片小而封装大的矛盾终于得以解决。这样，各类电子产品和电子整机才能达到轻、薄、短、小、便携化，甚至卡片化，而产品的高性能、多功能、高可靠性等才能充分发挥，这就极大地促进了电子信息技术的飞速发展。可以说，正是 IC 的飞速发展和各种先进微电子封装的良好结合，才促成了当今全球电子信息技术时代的早日到来。

小 结

本章主要讲述了微电子封装技术的发展概述、技术层次、功能和发展动力等。概述部分主要讲述了微电子封装技术发展历史、特点、趋势、重要性及国内发展现状；技术层次部分主要讲述了微电子封装的四个不同的技术层次、微电子封装技术的各种不同的分类方式；功能部分主要讲述了微电子封装在各个不同层次的主要功能及所起的作用；发展动力部分主要介绍了微电子封装技术在现代电子产品"短小轻薄"的要求下所对应的要求，特别是微电子封装技术与现代电子信息技术之间的发展关系。

习 题

1.1 简述微电子封装技术的主要特点。

1.2 简述微电子封装的四个技术层次。

1.3 简述微电子封装的主要功能。

1.4 简述微电子封装技术的主要类型。

第 2 章　封装工艺流程

教学目标：
- 了解微电子封装的基本工艺流程
- 了解硅片减薄的常用工艺方法
- 了解硅片切割的常用工艺方法
- 了解芯片贴装的常用工艺方法
- 掌握芯片互连技术：打线键合技术、载带自动键合技术和倒装焊技术
- 了解常用的成形技术
- 了解去飞边毛刺、切筋打弯的基本技术

2.1　流程概述

熟悉整个封装工艺流程是认识封装技术的基础和前提，唯有如此才可以对封装进行设计、制造和优化。通常，芯片制造和芯片封装并不在同一个工厂内完成。它们可能在同一个工厂的不同生产区域，或在不同的地区甚至不同的国家完成。在芯片制造的最后阶段，需要在硅片生产工艺线上对芯片进行测试，并将有缺陷的芯片打上标记，通常是打上一个黑色墨点，这样就为后面的封装过程做好准备，在进行芯片贴装时自动拾片机可以自动分辨出合格的芯片和不合格的芯片。

芯片封装工艺流程一般可以分为两个部分：前段操作和后段操作。前段操作一般是指用塑料封装（固封）之前的工艺步骤，后段操作是指成形之后的工艺步骤。在前段操作工艺中，净化级别控制在 1000 级，在有些生产企业中，成形工艺也在净化的环境下进行。

目前使用的封装材料大部分都是高分子材料，即塑料封装，塑料封装的成形技术主要包括转移成形技术、喷射成形技术和预成形技术。由于转移成形技术使用较为普遍，所以下面的介绍将以塑料封装的转移成形工艺为主。

转移成形技术的典型工艺过程如下：将已经贴装好芯片并完成芯片互连的框架带置于模具中，将塑料材料预加热（90~95℃），然后放进转移成形机的转移罐中。在转移成形活塞压力之下，塑封料被挤压到浇道中，并经过浇口注入模腔（170~175℃）。塑封料在模具内快速固化，经过一定时间的保压，使得模块达到一定的硬度，然后用顶杆顶出模块并放入固化炉内进一步固化。

归纳起来封装技术的基本工艺流程为：硅片减薄→硅片切割→芯片贴装→芯片互连→成形技术→去飞边毛刺→切筋成形→上焊锡→打码等。

　　硅片减薄工艺就是对硅片背面进行减薄，使其变轻变薄，以满足封装工艺要求。硅片减薄之前，要在硅片表面贴一层保护膜以防止在硅片减薄过程中表面电路受损。硅片减薄后把硅片表面的保护膜去掉。硅片切割即是把整个硅片切割成单个芯片，切割之前需要进行贴膜（俗称蓝膜）。芯片贴装即是将切割好的芯片从蓝膜上取下，将其固定在框架或基板上。芯片互连即是用金属导线将芯片的压焊块和框架或基板的引脚连接起来，使芯片能与外部电路连通。成形技术即是封装，用封装材料将芯片保护起来免受外界的各种干扰。去飞边毛刺即是将多余的封装料等去除。切筋成形即是将框架上连在一起的单个芯片成品分开，使其成为单独的个体。

　　下面对每一道工艺进行详细的介绍。

2.2　硅片减薄

　　目前大批量生产所用到的主流硅片多为 6in、8in 和 12in（1in＝2.54cm），由于硅片直径不断增大，为了增加其机械强度，厚度也需相应地增加，这就给芯片的切割带来了困难，所以在封装之前要进行减薄处理。

　　以超薄小外形封装为例，硅片上电路层的有效厚度一般为 300μm，为了保证其功能，有一定的衬底支撑厚度，因此，硅片的厚度一般为 900μm。衬底材料是为了保证硅片在制造、测试和运送过程中有足够的强度。因此电路层制作完成后，需要对硅片进行背面减薄，使其达到所需要的厚度，然后再对硅片进行切割加工，形成一个个减薄的裸芯片。

　　目前，硅片的背面减薄技术主要有磨削、研磨、干式抛光（Dry Polishing）、化学机械平坦工艺（Chemical Mechanical Planari2aticn，CMP）、电化学腐蚀（Electrochemical Etching）、湿法腐蚀（Wet Etching）、等离子增强化学腐蚀（Plasma Enhanced Chemical Etching，PECE）、常压等离子腐蚀（Atmosphere Downstream Plasma Etching，ADPE）等。

　　硅片的磨削与研磨是利用研磨膏及水等介质，在研磨轮的作用下进行的一种减薄工艺，在这种工艺中硅片的减薄是一种物理过程。磨削的磨轮及工作示意图如图 2-1 所示。

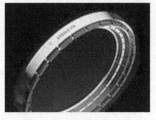
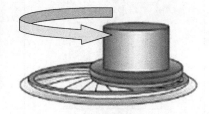

a) 磨轮　　　　　　　　　　　　b) 工作示意图

图 2-1　磨削的磨轮及工作示意图

　　在研磨工艺中，硅片的表面会在应力作用下产生细微的破坏，这些不完全平整的地方会大大降低硅片的机械强度，因此在进行减薄以后一般需要提高硅片的抗折强度，降低外力对硅片的破坏作用。在这个过程中，一般会用到干式抛光或等离子腐蚀等。干式抛光是指不用水和研磨膏等介质，只使用干式抛光磨轮进行抛光的去除应力加工工艺。等离子腐蚀是指使用氟类气体的等离子对工件进行腐蚀加工的去除应力加工工艺。

化学机械平坦工艺也是常用的减薄技术，这种工艺一边使用化学药剂对硅片进行腐蚀，一边利用磨轮对硅片表面进行研磨，从而使得硅片得到减薄与抛光，这是一种化学和物理方法综合作用的工艺过程。

2.3 硅片切割

硅片减薄后粘贴在一个带有金属环或塑料框架的薄膜（蓝膜）上，然后送到芯片切割机进行切割，切割过程中，蓝膜起到了固定芯片位置的作用。切割的方式可以分为刀片切割和激光切割两个大类。

刀片切割是较为传统的切割方式，通过采用金刚石磨轮刀片高速转动来实现切割。由于切割过程中有巨大的应力作用在硅片表面，故在切割位置附近不可避免地会产生一定的崩裂现象。在切割过程中，切割质量受磨粒因素影响较大，采用细磨粒的刀片进行切割产生的芯片边缘崩裂要显著低于普通磨粒刀片切割的效果。

为了进一步减小应力对硅片的破坏作用，可以采用激光切割工艺。激光切割工艺就是利用激光聚焦产生的能量来完成切割，可以分为激光半切割方式和激光全切割方式。激光半切割方式既需要进行激光切割又需要进行刀片切割，而激光全切割方式则完全用激光来进行切割。激光切割的示意图如图2-2所示。

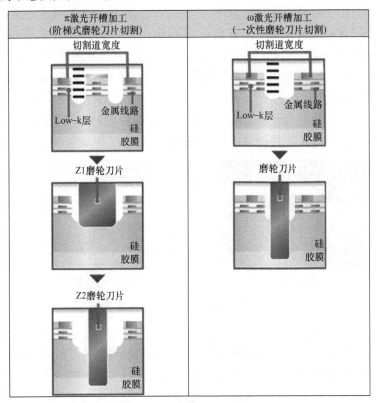

图 2-2 激光切割的示意图

随着切割工艺的改进，相继又开发出先切割后减薄（Dicing Before Grinding，DBG）和减薄切割（Dicing By Thinning，DBT）方法。DBG 法即在背面磨削之前将硅片的正面切割出一定深度的切口，然后再进行背面减薄，直到使芯片之间完全分开，DBG 法示意图如图 2-3 所示。DBT 法即在减薄之前先用机械的或化学的方式切割出切口，然后用磨削方法减薄到一定厚度，再采用常压等离子腐蚀（ADPE）技术去除掉剩余的加工量，实现裸芯片的自动分离。

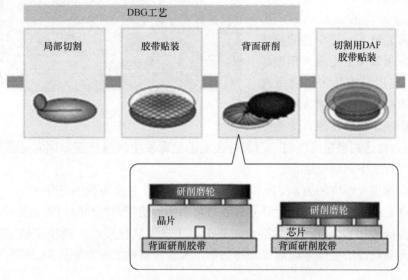

图 2-3　DBG 法示意图

2.4　芯片贴装

芯片贴装也称为芯片粘贴，是将芯片固定于框架或封装基板上的工艺过程。已经切割下来的芯片要贴装到框架或基板的中间焊盘上，焊盘的尺寸要与芯片大小匹配，如果焊盘尺寸太大，则会导致引线跨度太大，在转移成形的过程中会由于塑封料流动产生的应力而造成引线弯曲及芯片移位等现象。贴装的方式主要共晶粘贴法、焊接粘贴法、导电胶粘贴法和玻璃胶粘贴法。

2.4.1　共晶粘贴法

共晶粘贴法是利用金-硅合金（一般是 69% 的金和 31% 的硅）在 363℃时的共晶熔合反应使 IC 芯片粘贴固定。一般的工艺方法是将硅片置于已镀金膜的陶瓷基板芯片座上，再加热至约 425℃，借助金-硅共晶反应液面的移动使硅逐渐扩散至金中而形成的紧密结合。共晶粘贴法示意图如图 2-4 所示。在共晶粘贴之前，封装基板与芯片通常有交互摩擦的动作以去除芯片背面的硅氧化层，使共晶溶液获得最佳润湿。反应必须在热氮气的环境中进行，以防止硅的高温氧化，避免反应液面润湿性降低。润湿性不良将减弱界面粘贴强度，并可能在结合面产生孔隙，如果孔隙过大，则将使封装的热传导质量降低，从而影响 IC 电路的运作功能，也有可能造成应力不均匀分布而导致 IC 芯片的破裂。

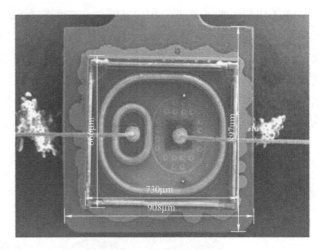

图 2-4　共晶粘贴法示意图

为了获得最佳的共晶贴装，IC 芯片背面通常先镀上一层金的薄膜或在基板的芯片承载座上先植入预型片（Preform）。使用预型片可以降低芯片粘贴时孔隙平整度不佳而造成的粘贴不完全的影响。预型片通常为金—2%硅的合金，在达到粘贴温度时，与芯片座上的金属发生熔融反应，同时硅芯片的原子也扩散进入预型片之中而形成结合。

一般选取预型片厚度约为 0.025mm，面积大致为 IC 芯片面积的三分之一，如果预型片面积太大，则会造成溢流，反之会降低封装的可靠度。使用预型片时仍需要借助相互摩擦的动作除去表面硅氧化物。预型片为纯金材料时，不发生氧化反应，减少了磨除氧化层的步骤，缺点是需要较高的温度才能形成共晶粘贴。预型片粘贴的示意图如图 2-5 所示。

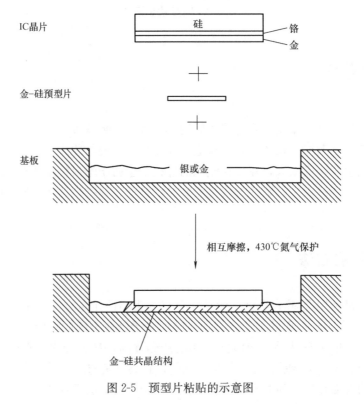

图 2-5　预型片粘贴的示意图

2.4.2 焊接粘贴法

焊接粘贴法是另一种利用合金反应进行芯片粘贴的方法，其优点是热传导好。工艺流程是将芯片背面淀积一定厚度的金或镍，同时在焊盘上淀积金-钯-银和铜的金属层。这样就可以使用铅-锡合金制作的合金焊料将芯片焊接在焊盘上。焊接温度取决于铅-锡合金的具体成分比例。

焊接粘贴法与共晶粘贴法均利用合金反应形成贴装。因为粘贴的媒介是金属材料，具有良好的热传导性质，使其适合大功率元器件的封装。焊接粘贴法所使用的材料可以区分为硬质焊料和软质焊料两大类，硬质的金-硅、金-锡、金-锗等焊料塑变应力值高，具有良好的抗疲劳与抗潜变特性，但使用硬质焊料的结合难以缓和热膨胀系数差异所引起的应力破坏。使用软质的铅-锡、铅-银-铟焊料则可以改变这一缺点，但使用软质焊料时必须先在 IC 芯片背面镀上类似制作焊锡凸块时的多层金属薄膜以利焊料的润湿。焊接粘贴法的工艺应在热氮气或能防止氧化的环境中进行，以防止焊料的氧化及孔洞的形成。

2.4.3 导电胶粘贴法

导电胶是常见的填充银的高分子材料聚合物，是具有良好导热导电性能的环氧树脂。导电胶粘贴法不要求芯片背面和基板具有金属化层，芯片座粘贴后，用导电胶固化要求的温度、时间，在洁净的烘箱中完成固化，操作简便易行，因此成为塑料封装中常用的芯片粘贴方法。

导电胶填充料是银颗粒或银薄片，填充量一般在 $75\%\sim80\%$ 之间，黏着剂都是导电的。但是作为芯片的黏着剂，添加如此高含量的填充料，其目的是改善黏着剂的导热性，即为了散热。因为在塑料封装中，电路运行产生的绝大部分热量将通过芯片黏着剂和框架散发出去。

用导电胶进行芯片贴装的工艺过程如下：用针筒或注射器将黏着剂涂布在芯片焊盘上，然后将芯片精确地放置到焊盘的黏着剂上面。对于大芯片，位置误差小于 $25\mu m$，角误差小于 $0.3°$。对于 $15\sim30\mu m$ 厚的黏着剂，压力为 $5N/cm^2$。芯片放置不当将会产生一系列的问题。例如，空洞会造成高应力；环氧黏着剂在引脚上造成搭桥现象，引起内部连接问题；在引线键合时造成框架翘曲，使得引线应力不均衡；而且为了找准芯片位置，还会使引线键合的生产率降低，成品率下降。导电胶粘贴后需要进行固化处理，环氧树脂黏着剂的固化条件一般是 $150°C$，固化时间为 $1h$。聚酰亚胺黏着剂的固化温度要更高一些，时间也更长。

导电胶粘贴法的缺点是热稳定性不好，容易在高温时发生劣化及引发黏着剂中有机物气体成分泄漏而降低产品的可靠度，因此不适用于高可靠度要求的封装。

2.4.4 玻璃胶粘贴法

玻璃胶为低成本芯片粘贴材料，使用玻璃胶粘贴芯片时，先以盖印、网印、点胶等技术将玻璃胶原料涂布在基板的芯片座上，将 IC 芯片放置在玻璃胶上后，再将封装基板加热至玻璃熔融温度以上即可完成粘贴，冷却过程中谨慎控制降温的速度以免造成应力破裂，这是使用玻璃胶粘贴法时需要注意的问题。除了一般的玻璃胶之外，胶材中也可以填入金属箔以提升热、电传导性能。

玻璃胶粘贴法的优点是可以得到无空隙、热稳定性优良、低结合应力与低湿气含量的芯片粘贴；其缺点是玻璃胶中的有机成分与溶剂必须在热处理时完全去除，否则对封装结构及其可靠度将有所损害。

在塑料封装中，IC 芯片必须粘贴固定在引脚架的芯片基座上，而玻璃必须在有特殊表面处理的铜合金引脚架上才能形成结合，对低成本的塑料封装来说不经济。然而，玻璃胶与陶瓷之间可以形成良好的粘贴，因此玻璃胶粘贴法适用于陶瓷封装中。

2.5　芯片互连技术

芯片互连技术将芯片压焊块与封装外壳的引脚相连接，只有实现芯片与封装外壳的连接才能使芯片实现既定的电路功能。芯片互连常见的方法有打线键合（Wire Bonding，WB）、载带自动键合（Tap Automated Bonding，TAB）、倒装芯片键合（Flip Chip Bonding，FCB）三种。其中，倒装芯片键合也称为翻转式芯片互连或可控塌陷芯片互连（Controlled Collapse Chip Connection，C4）。图 2-6 所示为芯片互连的示意图。

图 2-6　芯片互连的示意图

在微电子封装中，半导体器件的失效有 1/4～1/3 是由芯片互连引起的，故芯片互连对器件长期使用的可靠性影响很大。在传统的 WB 中，互连引起的失效主要表现为引线过长，与裸芯片易搭接短路，烧毁芯片；压焊过重，引线过分变形，损伤引线，容易造成压焊处断裂；压焊过轻，或芯片焊区表面过脏，导致虚焊，压焊点易脱落；压焊点压偏，键合强度减小，压焊点间距过小，易造成短路；此外，压焊点处留丝过长，引线过紧或过松等，均易引起器件过早失效。在 TAB 和 FCB 中也存在 WB 中的部分失效问题，同时它们也有自身的特殊问题，如由于芯片凸点的高度一致性差，群焊（多点一次焊接）

时凸点变形不一致，从而造成各焊点的键合强度有高有低；由于凸点过低，使集中于焊点周围的热应力过大，而造成钝化层开裂；面阵凸点 FCB 时，由于与基板不匹配，芯片的焊点应力由中心向四周逐次升高，轻者可引起封装基板变形，重者可导致远离芯片中心的凸点焊接处开裂失效等。

此外，WB、TAB 和 FCB 无论是与芯片焊区的金属（一般为铅、金）互连（俗称内引线焊接）还是与封装外壳引线及各类基板的金属化层互连（俗称外引线焊接），都存在着生成金属间化合物的问题。如金-铝（Au-Al）金属化系统，焊接处可能形成的金属间化合物就有 Au_2Al、$AuAl$、$AuAl_2$、Au_4Al 和 Au_5Al 等多种，这些金属间化合物的晶格常数、膨胀系数及形成过程中体积的变化是不同的，而且多是脆性的，电导率都较低。因此，器件在长期使用或遇高温后，在 Au-Al 压焊处就出现压焊强度降低以及接触电阻变大等情况，最终导致器件在此开路或器件的电性能退化。这些金属间化合物具有多种颜色，看上去呈紫色，故称"紫斑"；而 Au_2Al 呈白色，称为"白斑"，其危害性更大。

Au-Al 压焊还存在所谓的柯肯达尔（Kirkendall）效应，即在金属接触面上形成空洞。其原因是在高温下，Au 向 Al 中迅速扩散，形成 Au_2Al"白斑"所致，同样易引起器件失效。

而 TAB 和 FCB 的失效率低于 WB 的失效率，同时，在电性能、热性能、机械性能和其他方面优于 WB，因而迅速发展起来。在许多的应用中，特别是高 I/O 数的 LSI 和 VLSI 芯片的互连应用中，TAB 和 FCB 正部分或全部取代 WB。

需要特别指出的是，WB、TAB 和 FCB 不单单是芯片—基板间的电气互连技术，而且还是一种微电子封装技术，常称为零级封装。从今后的发展来看，微电子封装将从有封装向少封装、无封装方向发展。而无封装就是通常的裸芯片，若将这种无封装的裸芯片用 WB、TAB 和 FCB 的芯片互连方式直接安装到基板上，即称为板上芯片（COB）、板上 TAB 或板上 FCB，这些板上芯片技术统称为直接芯片连接（DCA）技术，它将在今后的微电子封装中发挥更重要的作用。

2.5.1 打线键合技术

打线键合（WB）技术是将半导体芯片焊区与微电子封装的 I/O 引线或基板上的金属布线焊区用金属细丝连接起来的工艺技术。焊区金属一般是铝或金，金属细丝多是数十微米至数百微米直径的金丝、铝丝或硅-铝丝。主要的打线键合技术有热压键合（Thermocompression Bonding，T/C Bonding）、超声波键合（Ultrasonic Bonding，U/S Bonding）和热超声波键合（Thermosonic Bonding，T/S Bonding）三种。

1. 打线键合技术简介

（1）热压键合技术　热压键合技术是利用加热和加压力的方式，使金属丝与铝或金的金属焊区压焊在一起。其原理是通过加热和加压力的方式，使焊区金属发生塑性形变，同时破坏压焊界面上的氧化层，使压焊的金属丝与焊区金属接触面的原子间达到原子的引力范围，从而使原子间产生吸引力，达到"键合"的目的。此外，两金属界面不平整，加热加压时，可使上下的金属相互镶嵌。

热压键合的焊头一般有球形、楔形、针形和锥形几种。键合压力一般为 0.5～1.5N/点。热压键合时，芯片与焊头均要加热，焊头加热到 150℃ 左右，而芯片通常加热到 200℃ 以上，使焊丝和焊区易形成氧化层。同时，由于芯片加热温度高，压焊时间长，容易损坏芯片，也容易在高温下形成异质金属间化合物——"紫斑"和"白斑"，使压焊点接触电阻增大，影响器件的可靠性和使用寿命。图 2-7 所示为热压焊示意图。

图 2-7　热压焊示意图

热压键合过程中，首先将引线穿过预热至温度为 300～400℃ 的由氧化铝或碳化钨等高温耐火材料所制成的毛细管状的金属线键合工具（也称为瓷嘴或焊针），再以电子点火或氢焰将金属烧断并利用熔融金属的表面张力效应使引线的末端灼烧成球，键合工具将金属球下压至已预热为 150～250℃ 的金属焊区上进行球形键合。在键合时球形键合点由于受压力而略微变形，这样可以增加键合面积、降低键合面粗糙度的影响，以形成紧密键合。球形键合完成后，键合工具升起并引导金属线至第二个金属键合点上进行楔形键合。

热压键合属于高温键合过程，金线因具有高导电性与良好的抗氧化性而成为最常用的引线材料，铝线也可用于热压键合，但因铝线不易在线的末端成球，故仍以楔形键合点的形态完成打线键合。热压键合的过程如图 2-8 所示。

热压键合的键合点形貌如图 2-9 所示。

（2）超声波键合　超声波键合又称超声焊，它利用超声波发生器产生的能量，使磁致伸缩换能器，在超高频磁场感应下，迅速伸缩而产生弹性振动，经变幅杆传给劈刀，使劈刀相应振动，同时在劈刀上施加一定压力。于是，劈刀就在这两种力的共同作用下，带动金属丝在被焊区的金属层表面迅速摩擦，使金属丝和金属表面产生塑性形变。这种形变也破坏了金

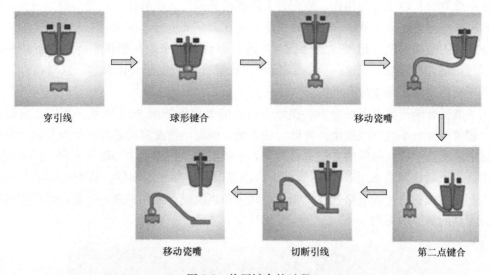

图 2-8　热压键合的过程

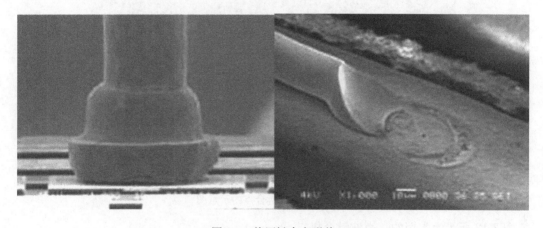

图 2-9　热压键合点形貌

属层界面的氧化层，使两个纯净的金属面紧密接触，达到原子间的"键合"，从而形成牢固的焊接。超声波键合的示意图如图 2-10 所示。

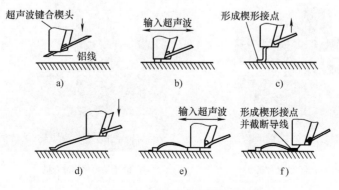

图 2-10　超声波键合的示意图

超声波键合与热压键合相比，能充分去除焊接界面的金属氧化层，提高焊接质量，焊接强度高于热压键合。超声波键合不需要加热，可在常温下进行，因此对芯片性能无损害。可根据不同的需要随时调节超声波键合能量，改变键合条件来焊接粗细不等的铝丝或宽的铝带，而热压键合比较难实现这一点。铝-铝超声波键合不产生任何化合物，这对器件的可靠性和长期使用寿命都是十分有利的。

超声波键合能产生楔形键合点，楔形键合点的示意图如图 2-11 所示。其优点为键合温度低，键合尺寸较小且导线回绕高度低，适于键合间距小密度高的芯片；缺点是超声波键合的连线必须沿着金属线回绕的方向进行排列，不能以第一接点为中心改变方向，因此在连线过程中必须不断地调整 IC 芯片与封装基板的位置以配合导线的回绕，从而限制了打线的速度，不利于大面积芯片的电路连线。铝和金线为超声波键合常用的线材，金线的应用可以在微波元器件的封装中见到。

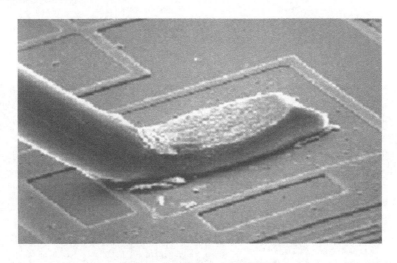

图 2-11　楔形键合点的示意图

图 2-12 所示为常用的超声波键合机。

a) 全自动超声波键合机

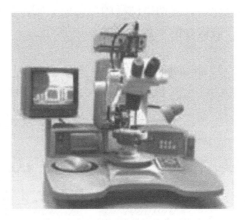

b) 手动超声波键合机

图 2-12　超声波键合机

（3）热超声波键合 热超声波键合技术为热压键合技术与超声波键合技术的混合技术。热超声波键合必须首先在金属线末端成球，再使用超声波脉冲进行金属线与金属焊区的键合。在热超声波键合的过程中键合工具不被加热，基本维持在 $100\sim150℃$ 的温度，此方法除了能抑制键合界面金属间化合物的成长之外，还可以降低基板的高分子材料因温度过高而产生劣化变形，因此热超声波键合通常应用于键合难度较高的封装连线。金线为热超声波键合最常使用的材料。

三种打线键合技术的综合比对见表 2-1。

表 2-1 三种打线键合技术的综合比对

特　性	热压键合	超声波键合	热超声波键合
可使用的键合丝材质及直径	金丝，$\phi15\sim100\mu m$	金丝，铝丝 $\phi10\sim500\mu m$	金丝 $\phi15\sim100\mu m$
键合部位的大小	第一键合点，丝径的 3.5～4 倍；第二键合点丝径的 1.5 倍	在使用送丝压头的情况下，与热压键合法相同；在使用超声波压头情况下，为丝径的 1.5～2 倍	第一键合点，丝径的 3.5～4 倍；第二键合点，丝径的 1.5 倍
键合丝的切断方法	高电压（电弧）拉断	拉断（超声波压头），高电压（电弧）拉断（送丝压头）	高电压（电弧），拉断
优点	键合牢固，强度高 无方向性问题 在略微粗糙的表面上也能键合 键合失败，在同一位置也能再次键合 键合工艺简单	不需要加热 对表面的清洁度不十分敏感 金、铝以外的键合丝也能使用 金属间化合物等引发的合金劣化问题少	与热压键合相比，可在较低温度、较低压力下实现键合 对表面的清洁度不太敏感 无方向性问题
缺点	只能使用金丝 对表面清洁度很敏感 由于必须加热，应留心元器件劣化问题 因金属间化合物的成长可能发生合金劣化问题	对表面粗糙度敏感 有方向性问题 对于吸振性布线板不适用 工艺控制要复杂些 铝丝存在加工硬化问题	只能使用金丝 需要稍微加热（仅布线板） 与热压法相比工艺控制要复杂些
其他	最适用金丝键合，其生产效率也高 适用于单片 LSI	最适合采用铝丝 需要对铝丝特别是在湿气中的劣化问题采取对策	适用于多芯片 LSI 的内部布线、连接等
压头材质	红宝石、陶瓷等	碳化钨、陶瓷	与热压键合法相同

2. 打线键合的材料

不同的键合方法，所选用的打线键合材料也不同。如热压键合主要选用金丝，超声波键合主要用金丝和硅-铝丝，还有少量的铜-铝丝和铜-硅-铝丝等。这些金属材料都具有下述理想要求的大部分优良性能，如能与半导体材料形成低电阻的欧姆接触；金的化学性能稳定，金-金和铝-铝同种金属间不会形成有害的金属间化合物；与半导体材料的结合力强；导电率高，导电能力强；可塑性好，易于焊接，并能保持一定的形状。图 2-13 所示为常用的打线键合材料。

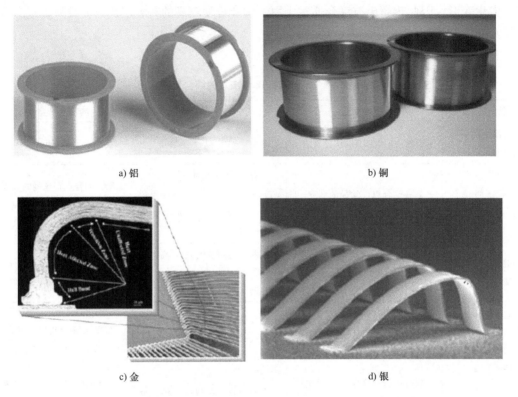

a) 铝   b) 铜

c) 金   d) 银

图 2-13 常用的打线键合材料

(1) 金（Au）丝 金具有优良的抗氧化性，因此成为热压键合与热超声波键合的标准引线材料。金丝线表面要光滑和清洁以保证强度和防止丝线堵塞，纯金具有很好的抗拉强度和延展率，比较常用的金丝线纯度为 99.99%，但高纯金太软，为了增加其机械强度，一般加入（5~10）×0.001‰的铍（Be）或者（30~100）×0.001‰的铜（Cu），掺 Be 的引线强度一般要比掺 Cu 的高（10~20）%。

(2) 铝（Al）丝 铝丝是超声波键合最常见的引线材料，纯铝的线材因为材质太软难拉成丝而很少使用，标准的铝丝一般加入 1% 的硅（Si）或者 1% 的镁（Mg）以提高强度。室温下铝丝中硅 1% 的含量超过了硅在铝中的溶解度，导致硅的偏析，偏析的尺寸和数量取决于冷却速度，冷却太慢导致更多的硅颗粒结集。硅颗粒尺寸影响丝线的塑性。掺 1% 镁的铝丝强度和掺 1% 硅的强度相当，抗疲劳强度更好，因为镁在铝中的均衡溶解度为 2%，于是没有第二相析出。

(3) 铜（Cu）丝 由于金的价格较高，近年来大多数封装厂家开始积极开发铜作为引线材料以降低成本。铜材料相对便宜，资源充足，在塑料封装中抗波动（在垂直铜丝方向平面内晃动）能力强，使用中主要问题是键合性问题，需要加保护气体以避免被氧化。

（4）银（Ag）丝　特殊封装组件使用银丝，但到目前为止还没有纯银线，最近有一种银的合金线，性能比铜线好，价格比金线低，也需要用保护气体，对中高端封装来说也是一种选择。银丝的主要优点有：

1）银对可见光的反射率高达90％，居金属之冠，所以在LED应用中有增光效果。

2）银对热的反射或排除也居金属之冠，因此可以降低芯片温度，延长LED寿命。

3）银的耐电流性大于金和铜。

4）银丝比铜丝好存放（铜丝需要密封，且存储期短，银丝不需要密封，存储期可达6～12个月）。

（5）合金丝　比较常用的合金丝主要有金-铝丝和金-铜丝。其中金-铝丝是比较常见的键合搭配，使用中容易形成金、铝金属间化合物，如 Au_5Al_2（棕褐色）、Au_4Al（棕褐色）、Au_2Al（灰色）、$AuAl$（白色）、和 $AuAl_2$（深紫色），$AuAl_2$ 即使在室温下也能在接触界面下形成，然后转变成其他金属间化合物（IMC），带来可靠性问题。这些IMC晶格常数、机械性能、热性能不同，反应时会产生物质移动，从而在交界层形成可见的柯肯达尔效应，或者产生裂纹。而金-铜丝是金丝键合到铜引脚时常用的引线材料，三种柔软的IMC相（Cu_3Au、$AuCu$ 和 Au_3Cu）活化能在 $0.8\sim1eV$ 之间，它们在高温（200～325℃）时候由于柯肯达尔效应容易降低强度，强度的降低明显取决于微观结构、焊接质量和铜的杂质含量，表面清洁度对于可键合性以及可靠性至关重要，另外如果有机聚合材料用于晶片的连接，那么聚合材料要在保护气氛下固化以防止氧化。

需要注意的是，为减小金属丝的硬度，改善其延展性，并净化表面，用作键合的金属丝一般要经过退火处理，对所压焊的底层金属也做相应的退火处理。金丝可在高纯氮气或真空中退火，而铝丝还需要在有还原作用的氢气中进行退火，或在真空中退火。退火温度为400～500℃，恒温15～20min，然后自然冷却。金丝和铝丝经退火处理后，大大提高了延展性和柔韧性，易于无损伤焊接。因铝的熔点低，金的熔点高，退火时，只要掌握好使铝的退火温度尽量低一些，金的退火温度稍高一些，就能获得较佳的退火效果。

3. 打线键合的可靠度

影响打线键合可靠度的因素包括应力变化、封胶、芯片粘贴材料与线材的反应、腐蚀、金属间化合物形成与晶粒成长导致的疲劳及浅变因素等影响。键合的可靠度通常用拉力试验与键合点剪切试验检查测试。金线与铝键合界面金属氧化物的形成是破坏打线键合最主要的原因，脆性的金属间化合物会使键合点在受周期性应力作用时引发疲劳或浅变破坏。常见金属材料与铝键合反应的金属间化合物有 $AuAl_2$（俗称紫斑，Purple Plague）和 Au_5Al_2（俗称白斑，White Plague）等。

早期的研究发现，金-铝接触加热到300℃时会生成紫色的金属间化合物 $AuAl_2$，俗称"紫斑"，长期以来，一直认为这种现象是引起器件焊接失效的主要原因。后来，在大量的研究中发现，这种现象是十分复杂的。除"紫斑"外，金-铝界面生成的另一种金属间化合物 Au_2Al 的接触电阻更大，更具脆性，因为呈白色，俗称"白斑"。此外，还有可能生成 $AuAl$、Au_5Al 和 Au_4Al 等化合物，但由于通常金的量比铝多，故观察到的多为 Au_4Al、Au_5Al_2 和 Au_2Al。由于这些化合物的晶格常数不一致，机械性能和热性能不一样，反应时会产生物质移动，从而在交界面形成可见的柯肯达尔空洞，或产生裂缝，从而易在此引起器件焊点脱开而失效。若将金-铝焊接处置于高温下，金属间化合物的厚度将逐渐增加，其增长状态满足简单的扩散关系，即

$$x^2 = Dt$$

式中，x 为扩散深度；D 为扩散系数；t 为扩散时间。

由以上分析可以看出，要减小金-铝间金属间化合物的不断生长，应尽可能避免在高温下长时间焊接，器件的使用温度也应尽可能低一些。

线材、键合点金属与金属间化合物之间的交互扩散产生的柯肯达尔孔洞现象也是降低强度与破裂的原因，此外，键合点金属间化合物与其他封装材料也可能发生反应，生成其他的金属间化合物而产生破坏。为了避免金属间化合物的形成，对键合时间与温度等工艺条件必须有效控制，以避免这些破坏因素的形成，通常在实际生产线上都有规定的打线键合工艺规范。

4. 打线键合的设计

引线弯曲疲劳、键合点剪切疲劳、相互扩散、柯肯达尔效应、腐蚀、枝晶生长、电气噪声、振动疲劳、电阻改变、焊盘开裂是打线键合设计要考虑的方面。影响打线键合的主要因素有：

1）芯片技术、材料和厚度。
2）键合焊盘材料、间距、尺寸。
3）时钟频率、输出高或者低电压。
4）每单位长度的最大允许互连电阻。
5）最大的输出电容负载。
6）晶体管导电电阻。
7）最大的互连电感。

5. 打线键合材料的选择

打线键合材料主要包括引线、引脚焊盘。键合点形状和芯片压焊点会影响打线键合材料的选择。键合点形状主要包括球形和楔形两种。

（1）引线的选择　引线的选择要考虑以下因素：材料、丝线直径、电导率、剪切强度、抗拉强度、弹性模量、柏松比、硬度、热膨胀系数等。

（2）焊盘材料的选择　焊盘材料的选择要考虑以下因素：电导率、可键合性、形成IMC 和柯肯达尔效应的难易、硬度、抗腐蚀能力、热膨胀系数。

在实际打线键合材料选择的过程中需要重点考虑以下几点：①引线材料必须是高导电的，以确保信号完整性不被破坏。②球形键合的引线直径不要超过焊盘尺寸的 1/4，楔形则是 1/3，键合头不要超过焊盘尺寸的 3/4。③焊盘和引线材料的剪切强度和抗拉强度很重要，屈服强度要大于键合中产生的应力。④键合材料要有一定的扩散常数，以形成一定的 IMC，达到一定的焊接强度，但是不要在工作寿命内生长太多。⑤键合焊盘要控制杂质，以提高可键合性，键合表面的金属沉积参数要严格控制，并防止气体的进入。⑥引线和焊盘硬度要匹

配：如果引线硬度大于焊盘，会产生弹坑；若小于焊盘，则容易将能量传给基板。

（3）球形键合点的设计　球形键合点设计要求：①球尺寸一般是丝线直径的 2～3 倍，小的键合点间距约为直径的 1.5 倍，大的间距为直径的 3～4 倍。②键合头尺寸不要超过焊盘尺寸的 3/4，一般是丝线直径的 2.5～5 倍，取决于劈刀几何现状和运动方向。③一般弧度高度为 150μm。④弧度长度要小于 100 倍的丝线直径。

（4）楔形键合点的设计　楔形键合点设计要求：①即使键合点只大于丝线直径的 2～3mm 也可形成牢固的键合。②焊盘尺寸必须支持长的键合点和尾端。③焊盘长轴必须在丝线的走向方向。④焊盘间距应该适合于固定的键合间距。

6. 清洗

为了保证很好的键合性和可靠性，材料的表面污染是个极其重要的问题，因此清洗至关重要。

常用的清洗方法有：等离子体清洗和紫外线－臭氧清洗。Cl^- 和 F^- 很难被这些方法清洗，因为是化学结合，可选用各种溶剂清洗如气相氟碳化合物、去离子水等。

（1）等离子体清洗

1）使用高射频（IR）功率将气体转换为等离子体，高速的气体离子冲击键合表面，要么和污染物结合，要么破坏其物理形态，从而使其溅射掉。

2）一般被离化的气体有氧气、氩气和氮气，如 80％氩气＋20％氧气或者 80％氧气＋20％氩气。

3）氧气/氮气等离子体也用于清洗焊盘上的环氧有机物。

（2）紫外线－臭氧清洗

1）紫外线－臭氧清洗器发射 1849Å（1Å=0.1nm）和 2537Å 的波长。

2）1849ÅUV（紫外线）能量破坏 O_2 分子结构形成离子氧（O+O），与 O_2 结合成为臭氧 O_3。臭氧在 2537ÅUV 能量下分解为 O_2 和离子氧。

3）任何水分子都可破坏为自由的 OH 基，这些活泼的基团（OH、O_3 和 O）可和碳氢化合物反应生成 CO_2＋H_2O 气体。

4）2537ÅUV 的高能量也有助于破坏化学键。

2.5.2　载带自动键合技术

载带自动键合（TAB）技术就是将芯片焊区与电子封装外壳的 I/O 或基板上的金属布线焊区用具有引线图形的金属箔丝连接的技术工艺。TAB 技术的示意图如图 2-14 所示。

图 2-15 所示为实际中使用的载带。

TAB 技术早在 1965 年就由美国通用电气（GE）公司研制开发出来，当时称为微型封装（Mini Mod）。1971 年，法国 Bull SA 公司将它称为载带自动键合，以后这一称呼就一直延续下来。这是一种有别于且优于 WB、用于薄型 LSI 芯片封装的新型芯片互连技术。直到 20 世纪 80 年代中期，TAB 技术一直发展缓慢。随着多功能、高性能 LSI 和 VLSI 的飞速发展，I/O 数量迅速增加，电子整机的高密度组装及小型化、薄型化的要求日益提高，到

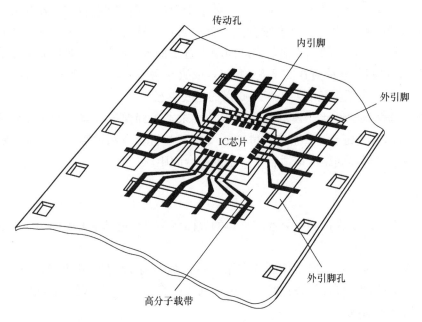

图 2-14　载带自动键合技术的示意图

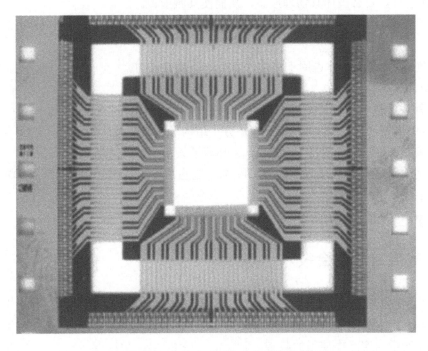

图 2-15　载带自动键合中使用的载带

1987年，TAB技术又重新受到电子封装界的高度重视。仙童半导体公司、摩托罗拉公司、松下半导体公司和德克萨斯仪器公司等应用TAB技术成功地替代了DIP塑封TTL逻辑电路封装。美、日、欧等各国竞相开发并应用TAB技术，使其很快在消费类电子产品中获得广泛应用，主要用于液晶显示、智能IC卡、计算机、电子手表、计算器、照相机和摄录像机中。在这些应用中，日本的 TAB 技术在数量、工艺技术和设备等诸方面都是领先的，直至今日仍是 TAB 技术应用的第一大户。

TAB 技术已不单能满足高 I/O 数的各类 IC 芯片的互连需求，而且已作为聚酰亚胺（PI）-黏结剂-铝箔三层软引线载带的键合技术，成为广泛应用于电子整机内部和系统互连的最佳技术。此外，在各类先进的微电子封装，如 BGA、CSP 和 3D 封装中，TAB 技术都发挥着重要的作用。特别是 TAB 设备还可以作为裸芯片的载体，对 IC 芯片进行筛选和测试，保证组装的 LSI、VLSI 芯片是优质芯片，提高了电子产品特别是高级电子产品（如 MCM）的组装成品率，从而大大降低了电子产品的成本。

1. TAB 技术的优点

TAB 技术是为弥补 WB 的不足而发展起来的新型芯片互连技术，与 WB 相比，具有以下优点：

1）TAB 技术形成的封装轻、薄、短、小，封装高度不足 1mm。

2）TAB 技术键合形成的焊点电极尺寸、电极与焊区节距均比 WB 小。TAB 的电极宽度通常为 50μm，还可以做到 20～30μm，电极节距通常为 80μm，根据需要还可以做得更小。

3）相应可容纳更高的 I/O 引脚数，如 100mm^2 的芯片，WB 最多可容纳 300 个 I/O 引脚，而 TAB 可达 500 个引脚以上，这就提高了 TAB 的安装密度。

4）TAB 的引线电阻、电容和电感均比 WB 小得多，WB 的分别为 100mΩ、25pF 和 3nH，而 TAB 的则分别为 20mΩ、10pF 和 2nH，这使利用 TAB 互连的 LSI、VLSI 能够具有更优良的高速、高频性能。

5）采用 TAB 技术互连，可以对各类 IC 芯片进行筛选和测试，确保器件是优质器件，无疑可大大提高电子组装的成品率，从而降低电子产品的成本。

6）TAB 采用铜箔引线，导热和导电性能好，机械强度高。

7）一般的 WB 键合拉力为 0.05～0.1N/点，而 TAB 比 WB 可高 3～10 倍，达到 0.3～0.5N/点，从而可提高芯片互连的可靠性。

8）TAB 使用标准化的卷轴长带（长 100m），对芯片实行自动化多点一次焊接；同时，安装及外引线焊接可以实现自动化，可进行工业化规模生产，从而提高电子产品的生产效率，降低产品成本。

正是因为 TAB 技术有上述优点，所以才得到长足的发展。

2. TAB 技术的载带分类和标准

TAB 技术中的载带按其结构和形状可以分为 TAB 单层带、TAB 双层带、TAB 三层带和 TAB 双金属层带四种，以三层带和双层带使用居多。

TAB 单层带成本低，制作工艺简单，耐热性能好，但是不可以进行老化筛选和测试芯片。

TAB 双层带可弯曲，成本较低，设计自由灵活，可制作高精度图形，能筛选和测试芯片，带宽为 35mm 时尺寸稳定性差。

TAB 三层带的 Cu 箔与 PI 黏结性好，可制作高精度图形，可卷绕，适于批量生产，能筛选和测试芯片，制作工艺较复杂，成本较高。

TAB载带的三种结构如图2-16所示。

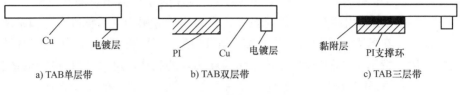

a) TAB单层带　　　　　b) TAB双层带　　　　　c) TAB三层带

图2-16　载带的三种结构

TAB双金属层带用于高频器件，可改善信号特性。

20世纪80年代，TAB载带曾由美国联合电子器件工程协会（JEDEC）制定出标准。目前，大量使用的宽度有35mm和70mm，其他还有48mm、16mm、8mm、158mm等多种规格。8mm和16mm宽的载带用于I/O少的中、小规模IC，使用158mm宽的载带是为了在同样长的载带中制作更多的TAB图形，以提高生产效率。如100m长、158mm宽的载带，每卷可制作70000只TAB图形。

至于TAB的Cu箔电极图形和尺寸，不便于标准化，要根据芯片周围焊区的尺寸、节距、I/O的多少和布局以及Cu箔指状引线的焊接强度等来设计Cu箔图形的形状和尺寸。

3. TAB技术的关键材料

TAB技术的关键材料包括基带材料、TAB引线金属材料和芯片凸点金属材料三部分。

（1）基带材料　基带材料要求高温性能好，与Cu箔的黏结性好，耐高温，热匹配性好，收缩率小且尺寸稳定，抗化学腐蚀性强，机械强度高，吸水率低。从综合性能来看，聚酰亚胺（PI）基本上都能满足这些要求，所以一直是公认的使用最广泛的基带材料，唯独价格比较高。为降低TAB成本，后来又开始广泛采用聚酯类材料作为基带，虽然高温性能不如PI，但其耐腐蚀性和机械强度却比PI好，适用于温度要求不高的电子产品。20世纪90年代初又相继研发出两种成本低、性能好、适于大批量生产的TAB基带材料，即聚乙烯对苯二甲酸脂薄膜和苯并环丁烯（BCB）薄膜，BCB的综合性能已超过PI，这为TAB大量推广应用提供了有利条件。

（2）TAB引线金属材料　金属材料要求导电性能好，强度高，延展性和表面平滑性良好，与各种基带黏结牢固，不易剥离。制作TAB引线的金属材料除少数使用Al箔外，一般都采用Cu箔。这是因为Cu的导电、导热性能好，强度高，延展性和表面平滑性好，与各种基带黏结牢固，不易剥离，特别是易于用光刻法制作出精细、复杂的引线图形，又易于电镀Au、Ni、Pb-Sn等易焊接金属，是较为理想的TAB引线金属材料。Cu箔材料一般有轧制Cu箔和电解Cu箔两类，对于TAB使用的Cu箔，国际上多采用美国电子电路互连封装协会（IPC）制定的IPC-CF-150E标准。

（3）芯片凸点金属材料　TAB技术要求在芯片的焊区上先制作凸点，然后才能与Cu箔引线进行焊接。芯片焊接区金属通常为Al膜，为使Al膜和芯片钝化层黏附牢固，要先淀积一层黏附层金属；接着，还要淀积一层阻挡层金属，以防止最上层的凸点金属与Al互扩散，生成不希望有的金属间化合物；最上层才是具有一定高度要求的凸点金属。常用的凸点金属材料一般包括 Au、Cu/Au、Au/Sn、Pb/Sn 等。

也可以将芯片焊区的凸点制作在 TAB 的 Cu 箔引线上，芯片只做多层金属化，或者芯片上仍是 Al 焊区，这种 TAB 结构又称为凸点载带自动键合（BTAB）。

4. TAB 的关键技术

TAB 的关键技术主要包括三个部分：一是芯片凸点的制作技术；二是 TAB 载带的制作技术；三是载带引线与芯片凸点的内引线焊接技术和载带外引线的焊接技术。

制作的芯片凸点除作为 TAB 的内引线焊接外，还可以单独进行倒装焊（FCB）。

（1）TAB 芯片凸点的制作技术　IC 芯片制作完成后，其表面均镀有钝化保护层，厚度高于电路键合点，因此必须在 IC 芯片的键合点上或 TAB 载带的内引脚前端先生长键合凸块才能进行后续的键合。通常 TAB 技术也据此区分为凸块式载带 TAB 与凸块式芯片 TAB 两大类。两类凸点的示意图如图 2-17 所示。

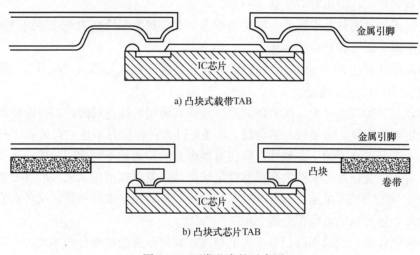

a) 凸块式载带TAB

b) 凸块式芯片TAB

图 2-17　两类凸点的示意图

TAB 的指状引线图形与芯片上凸点的连接焊区只能是周边形的，这与传统的 WB 所要求的芯片周边焊区是相似的。但当 LSI、VLSI 的芯片焊区尺寸小于 $90\mu m^2$，节距缩小到 $100\mu m$ 以下，而 I/O 数又很高（如数百个）时，用 TAB 就显示出优势。为了使 TAB 指状引线图形具有对称性，以便于工艺实施，芯片焊区及凸点的周边布局应尽可能具有均匀性和对称性。对于 TAB 所使用的凸点（多为 Au）来说，凸点的形状一般有蘑菇状凸点和柱状凸点两种，蘑菇状凸点与柱状凸点的示意图如图 2-18 所示。蘑菇状凸点用一般的光刻胶作掩膜制作，用电镀增高凸点时，在光刻胶（一般厚度仅几微米）以上，凸点除继续电镀增高外，还向横向发展，凸点高度越高，横向发展也越大。由于横向发展时电流密度的不均匀性，最终的凸点顶面呈凹形，凸点的尺寸也难以控制。而柱状凸点制作时用厚膜抗蚀剂（干膜或湿膜）作掩膜，掩膜的厚度与要求的凸点高度一致，所以制作的凸点是柱状或圆柱状的（视芯片焊区形状为方形或圆形而定），由于电流密度始终均匀一致，所以凸点顶面是平的。

比较两种凸点的形状可以看出，对于相同的凸点高度和凸点顶面面积，柱状凸点要比蘑

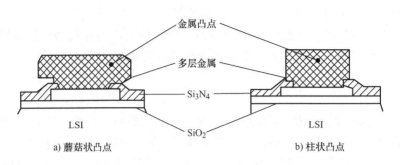

金属凸点

多层金属

Si₃N₄

SiO₂

LSI

LSI

a) 蘑菇状凸点

b) 柱状凸点

图 2-18 蘑菇状凸点与柱状凸点

菇状凸点的地面金属接触面积大，强度自然也高；或者说，当地面金属接触面积和凸点高度相同时，蘑菇状凸点要比柱状凸点占的空间大得多。I/O 数高且节距小的 TAB 指状引线与芯片凸点互连后，由于凸点压焊变形，蘑菇状凸点间更容易发生短路；而与柱状凸点互连，则有更大的宽容度。在应用时应注意这一点。

实际上，不管是哪种凸点形状，都应当考虑凸点压焊变形后向四周（特别是两邻近凸点间）扩展的距离必须留有充分的余地。

凸点的高度通常在 20～30μm 之间，但不同的金属凸点（如 Au、Ni、Cu）的硬度是不同的，Au 软，而 Ni、Cu 较硬。

压焊时，若所加压力过大，压力传到底层金属和所附的钝化层时，有可能使薄薄的底层金属和钝化层产生裂纹，或使较软的金属 Au 变形过大；若压力不足，有可能因凸点的变形过小而弥补不了凸点高度的不一致性，致使有些焊点的拉力达不到使用要求，从而影响可靠性。所以，对于键合强度要求高的高可靠性电子产品，就可以使用 Au、Ni、Cu 进行适当的组合，制作成 Ni-Au 或 Cu-Au 凸点，使"软""硬"金属相互取长补短，又各自发挥出自身的优势。此外，还可以节省贵重金属 Au。

键合凸块制作是一项成本高、难度大的技术，如何改进凸块键合技术成为一项热门的研究课题。目前比较新的技术是凸块转移技术。凸块转移技术是先在玻璃基板上利用光刻、成像、电镀等技术，长成与载带内引脚前端位置相对应的键合凸块后，将凸块转移至引脚完成第一次键合，再转移至 IC 芯片完成其他键合点的键合。由于不必在 IC 芯片或载带上制作凸块，因此可以降低 IC 芯片受到损伤的机会，降低生产成本，也可以提高 TAB 技术的可靠性和标准化的通用性。

（2）TAB 载带的制作技术　TAB 的载带引线图形是与芯片凸点的布局紧密配合的，即首先预知或精确测量出芯片凸点的位置、尺寸和节距，然后再设计载带引线图形。引线图形的指端位置、尺寸和节距要和每个芯片凸点一一对应。其次，载带外引线焊区又要与电子封装的基板布线焊区一一对应，由此就决定了每根载带引线的长度和宽度。

根据用户使用要求和 I/O 引脚的数量、电性能要求的高低（决定是否进行筛选和测试）以及成本的要求等，来确定选择单层带、双层带、三层带或双金属层带。单层带要选择 50～70μm 厚的 Cu 箔，以保持载带引线图形在工艺制作过程和使用中的强度，也有利于保持引线指端的共面性。使用其他几类载带，因有 PI 支撑，可选择 18～35μm 或更薄的 Cu 箔。

　　从芯片凸点焊区到外引线焊区，载带引线有一定的长度，并从内向四周均匀"扇出"。载带引线接触芯片凸点的部分较窄，而越接近外焊区，载带引线越宽。由内向外载带引线的由窄变宽应是渐变的，而不应突变，这样可以减少引线的热应力和机械应力。

　　对于高 I/O 数的多层载带引线，要设计出专门的测试点，而不应反复在外引线焊区进行测试，以免外引线焊区受损变形或沾污，影响焊接。为便于对载带引线进行电镀，所有引线图形应是相连的；为能对压焊好内引线的芯片进行筛选和测试，这时又要求所有载带引线之间都是断开的。因此，设计载带引线图形时，可在载带引线图形的边角处或其他适当位置设置引线的公共连接点，电镀后只要使用冲制模具将公共连接点一一冲断，即可将所有的引线分开，使载带上的各个芯片独立。

　　另外，PI 框架主要起载带引线图形的支撑作用，焊接前后特别对内引线起着支撑共面的作用。所以，PI 框架要靠内引线近一些，但不应紧靠引线指端，也不应太宽，以免产生热应力和机械应力。

　　由于在制作工艺过程中腐蚀 Cu 箔时有相同速率的横向腐蚀，因此在设计引线图形时，应充分考虑这一工艺因素的影响，将引线图形的尺寸适当放宽，最终才能达到所要求的引线图形尺寸。

　　TAB 载带在设计时需要注意以下几个方面：引线图形指端位置、尺寸、节距与芯片凸点对应；外引线焊区与基板布线区对应（载带引线长度与宽度），凸点焊区与外引线焊区相对应；载带引线由内向四周均匀扇出，接触凸点部分窄，外焊区部分较宽、渐变；减少引线热应力和机械应力；PI 框架靠内引线适当近些；高出 I/O 多层载带引线，设计专门测试点。

　　TAB 载带的制作技术包括单层带制作技术、双层带制作技术、三层带制作技术和双金属层带制作技术。下面分别介绍这几种制作技术。

　　1）TAB 单层带的制作技术。TAB 单层带是厚度为 $50 \sim 70 \mu m$ 的 Cu 箔，制作工艺较为简单。首先要冲制出标准的定位传送孔（使载带如电影胶片一样卷绕和用链轮传送），然后对 Cu 箔进行清洗。先在 Cu 箔的一面涂光刻胶，进行光刻、曝光、显影后，背面再涂光刻胶保护；接着，进行腐蚀和去胶；最后进行电镀和退火处理。腐蚀后的 Cu 箔引线图形去胶后一般进行全面电镀。只有对贵金属 Au，为了降低成本而节省 Au 时，才只在内、外引线焊接区进行局部电镀，不电镀的部分要进行保护，但这又会增加工艺的复杂性和难度。也可全面镀 Au，不用的引线框架，待回收 Au 后再利用。权衡利弊以决定选择局部电镀还是全面电镀。

　　Cu 箔引线图形可以使用 $CuCl_2$ 进行湿法腐蚀，这类腐蚀液具有自循环效果，也可以使用 $FeCl_3$ 进行腐蚀。

　　需要指出的是，电镀后一般应进行退火处理，一为消除电镀中因吸 H_2 而造成的应力，使 Cu 引线和镀层具有柔性；二为从适当温度（<200℃）退火后，避免 Sn 须的生长。

　　2）TAB 双层带的制作技术。TAB 双层带是指金属箔和 PI 两层而言。金属箔为 Cu 箔或 Al 箔，以 Cu 箔使用较多。PI 是由液态聚酰胺酸（PA）涂覆在金属箔上，然后再两面涂覆光刻胶，经光刻刻蚀，分别形成局部亚胺化的 PI 框架金属引线图形，同时形成定位传送孔；最后，在高温（350℃）下再将全部 PA 亚胺化，形成具有 PI 支撑架和金属引线图形的 TAB 双层带，然后对引线图形进行电镀。

3）TAB三层带制作技术。TAB三层带在国际上最为流行，使用也最多，适宜大批量生产。它是由Cu箔-黏结剂-PI膜（或其他有机薄膜）三层构成的，其制作工艺比其他几种载带的制作工艺复杂。Cu的厚度一般选择18μm或35μm，甚至更薄，用于形成引线图形。黏结剂的厚度为20～25μm，是具有与Cu黏结力强、绝缘性好、耐压高和机械强度好等特性的环氧类黏结剂。PI膜（或其他有机薄膜）的厚度约为70μm，主要对形成的Cu箔引线图形起支撑作用，以保持内引线的共面性。三层带的总厚度为120μm左右。

常见的TAB三层带如图2-19所示。

图 2-19　TAB三层带

TAB三层带的主要工艺制作过程包括如下步骤：①制作冲压模具。冲压模具是可同时冲制PI膜定位传送孔和PI框架的高精度硬质合金模具。应使模具在连续冲压PI膜长带时的冲压积累误差保持在所要求的精度范围内，而且定位传送孔是符合载带标准化要求的；②连续冲压PI膜定位传送孔和OI框架孔；③涂覆黏结剂。黏结剂通常是已事先附好在PI膜上的，冲压时，通孔处的黏结剂层也被冲压掉；④黏覆Cu箔。将冲压好的PI膜黏覆上Cu箔，放置到高温高压设备上进行加热加压，要求压制的Cu箔和PI膜之间无明显气泡，压制的三层带均匀一致性好；⑤按设计要求对大面积冲压好的三层带进行切割（也可先切割成标准的三层带，然后再冲压、覆Cu箔等），这样就制作成了TAB三层带；⑥将设计好的引线图形制版，经光刻、刻蚀、电镀等工艺，完成所需的引线图形。这与单层Cu箔的制作工艺是相同的。

4）TAB双金属层带的制作技术。TAB双金属层带的制作，可将PI膜先冲压出引线图形的支撑框架，然后双面黏结 Cu 箔，应用双面光刻技术，制作出双面引线图形，对两个图形 PI 框架间的通孔再用局部电镀形成上下金属互连。也可以先淀积 Cu 箔，再用电镀加厚法在 PI 框架双面形成两层 Cu 箔，然后用光刻法制作所需的 Cu 箔引线图形。

（3）TAB 的焊接技术　TAB 的焊接技术包括载带内引线与芯片凸点之间的内引线焊接（Inner Lead Bonding，ILB）和载带外引线与外壳或基板之间的外引线焊接（Outer Lead Bonding，OLB）两大部分，还包括内引线焊接后的芯片焊点保护以及筛选和测试等。这些都是芯片及电路可靠性的关键技术。

1）TAB 的内引线焊接技术。将载带内引线键合区与芯片凸点焊接在一起的方法主要有热压焊和热压再流焊。当芯片凸点为 Au、Ni-Au 或 Cu-Cu 等金属，而载带 Cu 箔引线也镀这类金属时，就要使用热压焊。当芯片凸点仍是如上金属，而载带 Cu 箔引线镀 0.5μm 厚的 Pb-Sn 时，或者芯片凸点具有 Pb-Sn，而载带 Cu 箔引线是上述金属层时，就要使用热压再流焊。完全使用热压焊的焊接温度高，压力也大；而热压再流焊相应的温度较低，压力也较小。

这两种焊接方法都是使用半自动或全自动的内引线焊接机进行多点一次焊接的。焊接时的主要工艺操作为对位、焊接、抬起和芯片传送四步。内引线焊接工艺过程如图 2-20 所示。

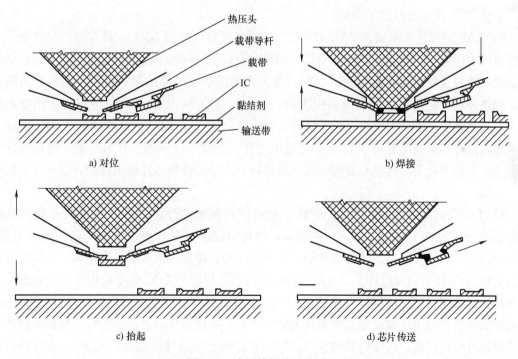

图 2-20　内引线焊接工艺过程

①对位。将具有黏附层的 Si 圆片经测试并做好坏芯片标记，用划片机划成小片 IC，并将圆片置于内引线压焊机的承片台上。按照设计的压焊程序，将性能好的 IC 芯片置于卷绕在两个链轮上的载带引线图形的下面，使载带引线图形与芯片凸点进行精确定位。

②焊接。落下加热的热压焊头，加压一定时间，完成焊接。

③抬起。抬起热压焊头，焊接机将压焊到载带上的IC芯片通过链轮步进卷绕到卷轴上，同时下一个载带引线图形也步进到焊接对位的位置上。

④芯片传送。供片系统按照设定程序将下一个好的IC芯片转移到新的载带引线图形下方进行定位，从而完成一个完整的焊接过程。

焊接条件也是十分重要的。焊接条件主要由焊接温度（T）、焊接压力（P）和焊接时间（t）确定。一般热压再流焊的典型焊接条件为 $T=450\sim500℃$，$P\approx0.5N/点$，$t=0.5\sim1s$。除此之外，焊头的平整度、平行度、焊接时的倾斜度及焊接界面的浸润性都会影响焊接结果。凸点高度的一致性和载带内引线厚度的一致性也影响焊接效果。因为若一致性差，为使最低的凸点也能焊接好，高的凸点变形就要大一些，大的变形收到的压力就大，有可能损害芯片上的钝化层和底层金属；对于窄节距凸点，变形大使凸点节距变得过小，也容易形成短路。这些条件具有一定的分散性，焊接时需根据不同的情况调整好焊接的 T、P 和 t，以达到最佳的焊接效果。焊接后通过对焊点的观察和键合强度试验，就可以摸索出满足实用要求的焊接条件。

2）TAB内引线焊接后的保护。TAB内引线焊接后需对焊点和芯片进行保护，其方法是涂覆薄薄的一层环氧树脂。要求环氧树脂的黏度低，流动性好，应力小，且 Cl^- 离子和 α 粒子的含量小，涂覆后需要经过固化。这样既保护了焊点，使载带引线受力时不致损伤焊点，也使IC芯片表面收到了保护。

3）TAB的筛选和测试。TAB的筛选与测试使组装之前的IC芯片具有好的热性能、电性能和机械性能，成为优质芯片（KGD），这对有高性能和高可靠性要求的电子部件是十分重要的，特别是对组装多个IC的MCM，可大大提高组装的成品率，有效地降低产品的成本。加热筛选可在设定温度的烘箱中进行，也可在具有 N_2 保护的设备中进行。作电老化时，应先将载带上设计的引线公共连接处冲制断开，使每个IC芯片都成为独立的。在设计出的加电总线和地线间对每个IC芯片进行电老化，老化一批后再老化另一批。每批可设置监测点，全部老化完后再进行总测。测试后应将不合格的载带芯片做出标记，以便在使用时加以识别。

4）TAB的外引线焊接技术。经筛选和测试的载带芯片，既可以用于混合集成电路（Hybrid Integrated Circuit，HIC）的安装，也可以用于半导体集成电路产品的引脚焊接。若用于前者，可将性能好的载带芯片沿载带外引线的压焊区外沿剪下，先用黏结剂将芯片黏结在HIC上预留的芯片位置上，并注意使载带外引线焊区与HIC的布线焊区一一对准，用热压焊法或热压再流焊法将外引线焊好，再固化黏结剂（也可先固化，后压焊）。对采用引线框架或在生产线上连续安装载带芯片的电子产品，可使用外引线压焊机将卷绕的载带芯片连续进行外引线焊接，焊接时及时应用切断装置在每个焊点外沿将引线和除PI支撑框架以外的部分切断并焊接。

TAB外引线焊接既可以按照常规方法进行焊接，这时芯片面朝上；也可以将芯片面朝下对外引线进行焊接，此时称倒装TAB。前者占的面积大，而后者占的面积小，有利于提高芯片安装的密度。

外引线焊接的工艺过程如图2-21所示。

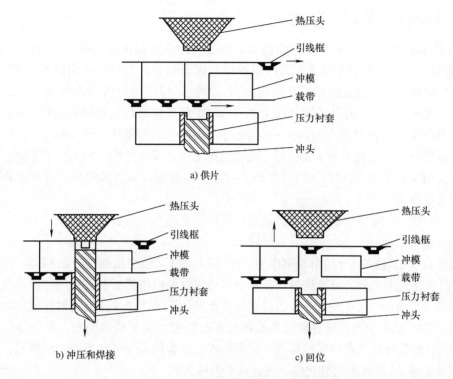

a) 供片

b) 冲压和焊接　　　　　　　　　　　　c) 回位

图 2-21　外引线焊接的工艺过程

5. TAB 的可靠性

TAB 是一种新型的芯片互连技术，它能满足高 I/O 数的各类 IC 芯片互连的需求，已成为广泛应用于电子整机内部和系统互连的最佳方式之一。此外，在各类先进的微电子封装，如 BGA 和 CSP 中，TAB 技术都发挥着重要的作用。

TAB 经过 20 世纪 80 年代的开发应用和大量的可靠性试验，已达到 DIP 和 QFP 等微电子封装的可靠性水平。

TAB 用于开发高 I/O 数、窄节距的薄型电子产品，如 FPPQFP，具有良好的可靠性。如 Intel 公司为满足便携式计算机的需要，20 世纪 90 年代初开发出厚度仅 2mm 的薄型 FP-PQFP，该封装具有 296 根引脚、0.4mm 节距，FPPQFP 的尺寸为 32mm×32mm，采用 TAB 技术使芯片和引线框架互连，并达到了满意的可靠性要求。

在各种可靠性试验考核中，经长期温度循环和热冲击，由于热失配产生的应力造成 TAB 内、外引线的焊点键合强度有所下降，但不足以造成微电子封装的失效。另有资料报道，在评估 PGA 封装中使用 TAB 焊接的可靠性时，在 0～100℃的范围，经过 2000 次温度循环，键合强度只下降不足 10%；在同一温度范围内热冲击 500 次，键合强度下降也不足 10%。即使在最严酷的条件下（-65～150℃），经 1000h 的温度循环，OLB 焊接的平均键合强度最多下降 36%（由 0.8N 降为 0.5N），并未引起焊点或引线的断裂。研究中还进一步发现，这种键合强度的降低是被长期温度循环所激励的 Cu-Sn 间化合物进一步生长加厚，导致 Cu 引线横截面积减小的结果。

6. 凸点载带自动焊（BTAB）简介

TAB 技术要求在 IC 芯片焊区制作凸点，而芯片凸点的制作工艺技术复杂，成本较高。如果将凸点改为在 TAB 载带的 Cu 箔内引线键合区上制作，就可以省去芯片凸点的制作，而将带有内引线键合区凸点的载带直接与 IC 芯片的 Al 焊区进行内引线焊接（ILB）。这种将凸点制作在载带 Cu 箔内引线键合区上的 TAB 技术就称为凸点载带自动焊（BTAB）技术。这种 BTAB 技术除具有 TAB 的一切优点外，还具有工艺简便易行、制作成本低廉、使用灵活方便等特点，尤其适用于多品种、批量化的电子产品生产中。因为它不需要对圆片进行加工，使用单芯片 IC 就可以完成载带凸点与芯片的互连，不会因为加工圆片芯片凸点数量过多而造成浪费。

制作 BTAB 的 Cu 箔内引线键合区凸点，可以用光刻、电镀法直接形成，也可以用移植凸点 TAB 法形成。

移植凸点 TAB 法的 Cu 箔引线制作与一般 TAB 的 Cu 箔引线制作方法相同，而需要移植的 Au 凸点是先用光刻、电镀法制作在易于剥离的耐温玻璃基板上，然后将已形成的内引线键合区与每个 Au 凸点一一对准，通过压焊设备进行压焊，这样凸点就被移植到载带引线上，形成 BTAB 载带结构。这种玻璃基板可以反复使用，反复移植凸点。接下来就可以与 IC 芯片的 Al 焊区进行凸点内引线焊接。使用的内引线焊接机是带超声波的压焊机，可以在焊接时充分去除 Al 焊区上的氧化层，使焊点牢固可靠。

7. TAB 引线焊接机

TAB 内引线与芯片凸点的互连及 TAB 外引线与电子封装壳体或基板上焊区的互连分别使用内、外引线焊接机完成。其主要结构由加热控温系统、压力和超声传送系统、控时系统、光控对位及显示系统等部分组成，其中，具有半自动或全自动焊接功能的压焊设备还具有计算机控制系统。而内、外引线焊接机的主要区别在于压焊焊头不一样，内引线焊接机的焊头是平的，而外引线焊接机的焊头则呈"口"字形，以压焊外引线时不触及芯片及内引线为准。日本、美国和西欧都有各种不同类型和型号的 TAB 引线焊接机，其中以日本居多。图 2-22 所示为目前常用的一种 TAB 引线焊接机。

8. TAB 的应用

TAB 在各个电子领域中都有广泛的应用，但主要还是应用于那些低成本、大规模生产的电子产品中，如液晶显示器（LCD）、电子手表、打印头、医疗电子、智能卡等。此外，应用较多的还有便携式计算机和汽车电子产品等。日本的巨型计算机中的 ASIC 也使用了 TAB 技术。日本拥有世界上最大、最多、增长最快的 TAB 工业，其主要生产厂家有夏普、东芝和精工等公司。其次是美国，主要生产厂家有 Intel、IBM、Motorola 和 Ti 等公司，再次是欧洲的西门子、Bull SA 等公司，其他国家如韩国、俄罗斯等也有 TAB 的生产和应用厂家。

在先进的 BGA、CSP 和 3D 封装中，TAB 的应用也十分广泛。有专门使用 TAB 技术的 TBGA，有利用柔性 TAB 技术制成的 3D-CSP，它们在手机中已广泛使用。

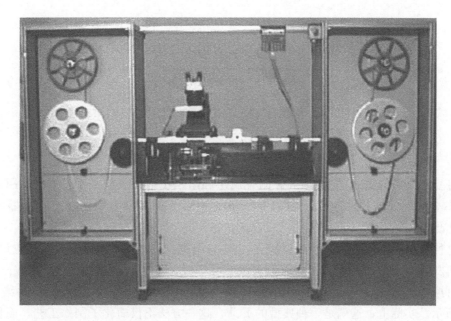

图 2-22　TAB 引线焊接机

2.5.3　倒装键合技术

倒装键合（FCB）是芯片与基板直接安装互连的一种方法。WB 与 TAB 互连法通常都是芯片朝上安装互连，而 FCB 则是芯片朝下，芯片上的焊区直接与基板上的焊区互连。因此，FCB 的互连线非常短，互连产生的杂散电容、互联电阻和互联电感均比 WB 和 TAB 小得多，从而更适合高频、高速的电子产品应用。同时，FCB 芯片安装互连占的基板面积小，因而芯片安装密度高。此外，FCB 的芯片焊区可面阵布局，更适合高 I/O 数的 LSI、VLSI 芯片使用。由于芯片的安装、互连是同时完成的，这就大大简化了安装互连工艺，快速、省时，适用于使用先进的 SMT 进行工业化大批量生产。当然，FCB 也有不足之处，如芯片面朝下安装互连，给工艺操作带来一定的难度，焊点检查困难（只能使用红外线和 X 光检查）。另外，在芯片焊区一般要制作凸点，增加了芯片的工艺流程和制作成本。此外，FCB 同各材料间的匹配所产生的应力问题也需要很好地解决等。但随着工艺技术和可靠性研究的不断深入，FCB 存在的问题正在不断地解决。

FCB 示意图如图 2-23 所示。

1. FCB 的发展简况

20 世纪 60 年代初，美国 IBM 公司研制开发出在芯片上制作凸点的 FCB 工艺技术。FCB 于 1964 年首先应用于电子计算机系统上，制成 FCB 的混合集成电路（HIC，组件，当时月产量可达 100 万个组件。最初，芯片上制作的凸点是焊料（95Pb/5Sn），凸点包围着电镀了 Ni-Au 的 Cu 球，Cu 球主要是防止 FCB 时 Pb-Sn 流淌造成短路，当然，导电、导热性

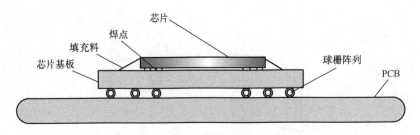

图 2-23　FCB 示意图

能也更好。凸点下与 Al 电极接触的黏附金属层和阻挡扩散金属层依次为 Cr、Cr-Cu、Cu、Au，这些金属层以及上面的凸点金属 Pb-Sn 都是用制作 IC 的蒸发和光刻工艺形成的，称为固态工艺凸点制作方法。

但这种利用 Cu 球制作的凸点直径不能太小，否则难以制作，这就限制了凸点尺寸向更小的方向发展。于是，IBM 公司又研制开发出了不用 Cu 球，完全用 Pb-Sn 形成凸点的方法——可控塌陷芯片连接（Controlled Collapse Chip Connection，C4）。C4 的结构图如图 2-24 所示。实际上，这就是一种典型的 FCB。这一方法不仅简化了制作工艺，而且 Pb-Sn 焊料有诸多优点，如 FCB 时易于熔化再流，凸点高度的一致性好坏变得不太重要，因为熔化的 Pb-Sn 可以弥补因凸点高度不一致或基板不平而引起的高度差；焊接时由于 Pb-Sn 处于熔化状态，故比凸点金属（如 Au、Ni、Cu）所加的焊接压力小得多，从而不易损伤芯片和焊点；Pb-Sn 熔化时有较大的表面张力，因此焊接具有"自对准"效果，即使 FCB 时芯片与基板上、下焊区对位偏移，也会在 Pb-Sn 熔化再流时回到对应的对中位置。

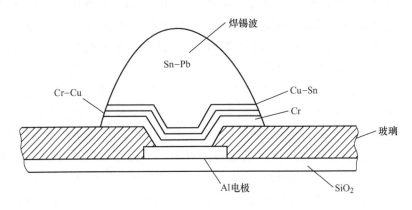

图 2-24　C4 的结构图

除 IBM 之外的美国其他公司，如 Philoc-Ford 公司、Baker Hughes 公司制作出了 Ag-Sn 凸点；Fairchild 公司直接在芯片的 Al 焊区上制作出 Al 凸点，工艺更加简单；Amelco 公司还制作出了 Au 凸点。

当时，这些公司使用 FCB 后的生产效率都比 WB 提高了 3～5 倍。随后的 FCB 技术发展并不快，因为中、小规模 IC 芯片的 I/O 数少则几个，多的也只有数十个，又多安装于 HIC 上和 DIP 中，而且 HIC 的复杂程度也不高，布线线条较宽，间距较大，用 WB 互连更加灵活方便，成本也最低，因而 FCB 的优越性在这种情况下就难以发挥并与 WB 抗衡。

直至 20 世纪 80 年代中期，随着多功能、高性能 LSI 和 VLSI 的飞速发展，I/O 数迅速增加，一些电子整机的高密度组装及小型化、薄型化要求日益提高，TAB 又重新受到电子封装界的重视，使用 TAB 的电子封装结构逐渐替代了 DIP 等封装，所以，TAB 所需的芯片凸点制作技术也随着发展起来。这时，FCB 所具有的最高安装密度、最高 I/O 数和较低成本，以及可直接贴装 HIC、PWB、MCM 等优越性，因其旺盛的需求而充分发挥出来，美国、日本、欧洲的各大电子公司都相继研制开发出各种各样的 FCB 工艺技术，而且与快速自动化的 SMT 结合了起来，使 FCB 广泛地扩展了应用领域，从而大大促进了 FCB 技术的发展。

众所周知，电子封装密度（芯片面积与封装面积之比）的大小是衡量互连技术发展的重要标志。现以 PQFP、板上芯片（COB）与 FCB 的封装密度比较加以说明。一个 $10 \times 10mm^2$ 的 PQFP 封装一个 $7 \times 7mm^2$ 的芯片，因引出脚长 1mm，故封装所占的面积实为 $12 \times 12mm^2$，其封装密度仅为 34%。同样使用 $7 \times 7mm^2$ 的芯片，若丝焊线长为 1.5mm，完成互连后所占面积为 $10 \times 10mm^2$，则 COB 的封装密度为 49%。而对于 FCB 来说，因一个芯片的面积与其焊接面积相等，所以封装密度很高。在实际倒装键合时，其封装密度已达到 75% 以上。这样高的封装密度，已对电子系统的小型化带来巨大的影响。FCB 的发展前景十分乐观，目前电子封装已是 FCB 的天下。根据美国加州的一家 IC 圆片加工批发商 Semi-Dice 在 1997 年初发起并实施的名为"首年度裸芯片调查"的问卷调查结果，在该公司向全世界主要半导体生产厂商中的 45 个代表性厂家提出的 15 个与裸芯片封装技术相关的技术和销售方面的问题中，有 40% 的答卷认为未来首选芯片焊接工艺非 FCB 工艺莫属，而认为 TAB 和 WB 是未来最普遍的芯片互连工艺各占 21%；多数答卷还认为芯片尺寸封装（CSP）具有良好的发展前途，认为 CSP 在未来的几年内将应用于新领域中的占 31%，认为 CSP 会取代某些 SMT 器件或裸芯片应用的占 26%。事实上，很多情况下，CSP 芯片与 FCB 芯片是等同的，CSP 的发展与应用也代表了 FCB 的发展和应用。

2. 芯片凸点的多层金属化系统及凸点的类别

（1）芯片凸点的多层金属化系统　各种 IC 芯片的焊区金属均为 Al，在 Al 焊区上制作各类凸点，除 Al 凸点外，制作其余凸点均需在 Al 焊区和它周围的钝化层或氧化层上先形成一层黏附性好的黏附金属，一般为数十纳米厚度的 Cr、Ti、Ni 层；接着在黏附金属层上形成一层数十至数百纳米厚度的阻挡层金属，如 Pt、W、Pd、Mo、Cu、Ni 等，以防止上面的凸点金属（如 Au 等）越过薄薄的黏附层与 Al 焊区形成脆性的中间金属化合物；最上层是导电的凸点金属，如 Au、Cu、Ni、Pb-Sn、In 等。这就构成了黏附层—阻挡层—导电层的多层金属化系统。

（2）芯片凸点的类别　在多层金属化系统上，可用多种方法形成不同尺寸和高度要求的凸点金属，其分类可按凸点材料分类，也可按凸点结构和形状进行分类。

1）按凸点材料分类，有 Au 凸点、Ni-Au 凸点、Au-Sn 凸点、Cu 凸点、Cu-Pb-Sn 凸点、In 凸点、Pb-Sn 凸点和聚合物凸点等，其中应用最广的是 Au 凸点、Cu-Pb-Sn 凸点和 Pb-Sn 凸点。

2）按凸点结构和形状分类。按照凸点形状分类，有蘑菇状、柱状（方形、圆柱形）、球形和叠层几种。按凸点结构分类，有周边分布凸点和面阵分布凸点等。其中，应用最多的是柱状凸点、球形凸点、周边分布凸点和面阵分布凸点。

3. 芯片凸点的制作工艺

形成凸点的工艺技术多种多样，归结起来，主要有蒸发/溅射法、电镀法、化学镀法、打球法、激光法、置球和模板印刷法、移植法、叠层制作法和柔性凸点制作法等。

（1）蒸发/溅射法　早期的凸点制作常采用蒸发/溅射法，因为它与 IC 芯片工艺兼容，工艺简便、成熟。多层金属化和凸点金属可以一次完成，且 IC 芯片的 Al 焊区面积大，I/O 数少则几个，多则数十个，为周边分布焊区。但要先制作出正对 Al 焊区的金属掩膜版，一种掩膜版只能针对一种芯片，灵活性较差。而要形成一定高度（如数十微米）的凸点，就需要长时间进行蒸发/溅射，设备应是多源、多靶的，因此，形成凸点的设备费用大，成本高。因使用掩膜版，故只适用制作凸点直径较大（100μm 左右）、I/O 数较少（数十个）及凸点不高（数十微米）的凸点。这种凸点制作法因设备费用高，且效率低，较难适用于大批量生产。

蒸发/溅射制作凸点的工艺过程如图 2-25 所示。

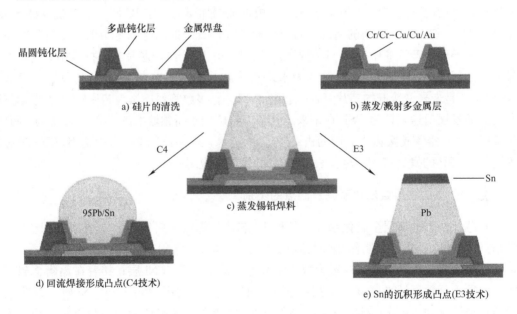

图 2-25　蒸发/溅射制作凸点的工艺过程

（2）电镀法　电镀法是国际上最为普遍且工艺日益成熟的凸点制作方法。该设计方法不仅加工工序少，工艺简单易操作，而且适合大批量制作各种类型的凸点。图 2-26 所示为典型的电镀凸点的工艺过程。

电镀凸点的具体工艺过程如下。

1）Si_3N_4 钝化，检测并标记 Si 晶圆片 IC。制作工艺是从 Si 晶圆片 IC 开始的，Si 晶圆片 IC 已经进行了最终的 Si_3N_4 钝化，每个 IC 芯片都经过检测，并已对不合格的芯片做出明显的标记。过去 Si 晶圆片 IC 芯片制成后，在检测时即进行标记，如果使用不同色泽的磁性

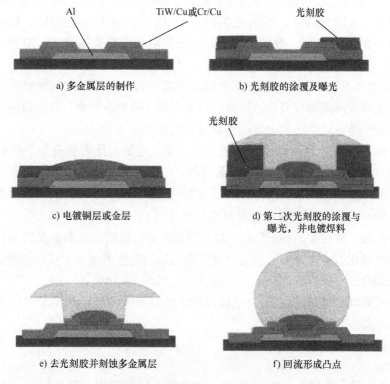

图 2-26　电镀凸点的工艺过程

墨水打点标记，经划片后，马上可以将有磁性墨水点的不合格芯片剔除，留下好芯片。但制作芯片凸点时，还需要对 Si 晶圆片 IC 进行多道工序加工，若仍采用原先的磁性墨水打点标记法，难以保存标记，当然，加工成具有凸点的圆片后，就无法识别 IC 芯片的好坏了。这就要求制作芯片凸点的 Si 晶圆片 IC 在检测时能永久保留不合格 IC 芯片的标记。用激光烧毁不合格 IC 芯片的某处，打出永久性标记，就能在后续加工工序中永久保留该标记，待全部加工完毕，切割 IC 芯片时，就能方便地识别并剔除不合格的 IC 芯片了。

2）蒸发/溅射 Ti-W-Au。Au 与 Al、Si_3N_4 钝化层的黏附性差，所以用 Ti 作为 Al 电极和 Si_3N_4 钝化层上的黏附层金属，W 作为阻挡层金属，以防止 Au 和 Al 之间相互扩散，生成脆性的中间化合物。Ti 和 W 的接触电阻小，淀积应力也小，通常 Ti 层的厚度为数百纳米。这三层金属均在同一真空室中依次淀积完成。Ti 和 W 也可以按照一定的比例（如 Ti 占 10%～20%）制成复合金属靶，这样就可以用双靶进行溅射。

3）光刻出电极窗口多层金属化金属。Ti-W-Au 多层金属淀积后，欲保留 Al 电极上的多层金属化金属，需要进行光刻。以光刻胶做保护窗口层，依次腐蚀掉蒸发/溅射的大面积 Au-W-Ti。所选择的腐蚀液只应腐蚀一种金属，而对其他金属和芯片表面的钝化层不腐蚀。多层金属层腐蚀后，再去除保护窗口层和其余部分的光刻胶。

4）闪溅金属层。闪溅的金属层为薄薄的 Au（或 Cu），这是为了在下一步电镀 Au 凸点时做电镀导电金属层。此层宜薄不宜厚，以免在凸点形成后腐蚀去除该导电金属层时明显降低凸点高度。

5）涂（贴）厚光刻胶（膜）。为制作一定高度的柱状 Au 凸点，可用甩胶机低速旋转涂厚光刻胶（有别于常用光刻胶），或在已闪溅 Au（或 Cu）的圆片上黏贴干膜抗蚀剂，有时一层不够，需要叠加 2～3 层。叠层覆盖时需仔细控制叠层覆盖的速度、温度和压力，以免层间产生气泡。

6）光刻电镀凸点窗口。涂（贴）厚光刻胶（膜）后，即可用光刻掩膜进行套刻，通过曝光、显影，就形成所需的电镀凸点窗口，以便电镀。这里应注意，待电镀的凸点窗口中的残胶一定要去除干净，以免影响电镀凸点的附着力。

7）电镀 Au 凸点。根据对凸点高度的不同要求，电镀时间有长有短。一般光刻胶耐酸性而不耐碱性，所以，若配制的 Au 镀液为酸性，电镀时间长短没有严格限制；但对于碱性电镀液（如无氰碱性镀 Au 液），若电镀时间过长，就可能产生浮胶或钻蚀现象，因此应当使用弱碱性电镀液，且只适于电镀出完好的低高度（10～30μm）的 Au 凸点。为了电镀出颗粒细、均匀性和一致性好的 Au 凸点，最好采用流动性镀液。电源也是影响凸点质量的重要因素，脉冲电源比直流电源好，因为脉冲电源的瞬间电流密度大，成核点多，镀出的凸点颗粒细，且均匀性、一致性好。

电镀的凸点高度与电流密度 D_k、电镀时间 t 和电镀液的电流效率 η 密切相关。由电解定律可知，镀层厚度 δ 为

$$\delta = \frac{D_k t \eta k}{d} \tag{2-1}$$

式中，k 为电化当量，单位为 g/(A·h)；d 为电镀金属的密度，单位为 g/cm^3；D_k 为电流密度，单位为 A/m^2；t 为电镀时间，单位为 h；η 为电流效率，若电镀厚度用μm 作为单位，则 η 的取值应去除百分号，如 $\eta = 95\%$，应取 95 代入公式进行计算。

表 2-2 给出了电流效率 $\eta = 100\%$ 时，要电镀 10μm 厚的 Au 层，选用不同的电流密度 D_k，相应所需的时间 t。

表 2-2　电镀时间 t 与电流密度 D_k 的关系

D_k/(A/m^2)	0.1	0.2	0.3	0.4	0.5	0.7	1
t/min	157	78.5	52.3	39.3	31.1	22.4	15.7

若 $\eta \neq 100\%$，相应的电镀时间 t 应除以 η 的百分数。如果 δ 不为 10μm，而为 x，则相应的电镀时间 t 乘以 $\frac{x}{10}$ 即可。

8）去除胶膜，腐蚀闪溅 Au（或 Cu）。电镀完毕，应彻底去除厚胶（膜），完成了电镀导电连接的闪溅 Au（或 Cu）这时也可以去除了。腐蚀时，应掌握好腐蚀时间，要既能完全去除闪溅层，又能使腐蚀时间尽可能缩短。特别对于要求一致性好的较低高度的凸点，这一点更为重要。

将加工好凸点的圆片进行划片，切割成单个 IC 芯片，再剔除用激光作标记的不合格 IC 芯片，将合格的凸点 IC 芯片妥善保存，以备存用。

（3）化学镀法　化学镀是一种不需要通电，利用强还原剂在化学镀液中将欲镀的金属离子还原成该金属原子沉积在镀层表面上的方法。化学镀的镀层光亮致密，孔隙少，抗蚀能力

强，结合力好，不受镀层复杂形状的限制。因为没有电镀时电流密度分度的限制，所以可以获得厚度均匀性、一致性好的镀层。化学镀免除了电镀所需的复杂设备，除可以利用光刻胶作掩膜进行圆片 IC 化学镀凸点以外，还可以对已经切割好的 IC 芯片化学镀凸点。由于省去了复杂的光刻工序，对于将 HIC 上使用的多品种、小批量的 IC 芯片加工成凸点芯片来说，十分灵活、方便；而且，凸点分布、凸点尺寸及节距大小均不受限制。

化学镀的实质是一个在催化剂条件下发生的氧化还原过程。化学镀的溶液通常由欲镀的金属离子、络合剂及还原剂构成。镀液中的金属离子是依靠还原剂的氧化来供应所需的电子而还原成欲镀的金属原子，并沉积到被镀部件的表面上去的。

IC 芯片的焊区金属通常为 Al，直接在 Al 上不能镀出合乎要求的凸点金属。这是因为，Al 的化学性质活泼，它与氧的亲和力很强，在大气中极易生成一层薄而致密的氧化层，即使刚刚去除氧化层，又会在新鲜的表面立即生成新的氧化层，这严重影响镀层金属与 Al 焊区金属的结合力。Al 的电极电位为负，很容易失去电子，当 IC 芯片浸入化学镀液中时，即刻能与多种金属离子发生置换反应，而使其他金属与 Al 形成结合镀层。这种结合镀层疏松粗糙，与 Al 的结合力差，从而严重影响镀层金属与 Al 的结合力。Al 的膨胀系数与许多金属镀层的膨胀系数差别大，在 Al 上直接获得镀层的内应力大，容易在热循环中使 Al 与镀层间发生失效。

要解决上述 Al 与镀层的结合力这一关键问题，一般是在 Al 与镀层金属间加入既与 Al 结合力好又与镀层金属结合力好的中间金属层，使得在除去 Al 上氧化层的同时就生成这一中间金属层，从而能够防止氧化层的再生成，并防止 Al 在化学镀时与镀液发生置换反应，这就保证了 Al 与镀层金属之间的良好结合力。

这里介绍一种简便易行的用锌酸盐在 Al 上制取中间金属层的方法。浸 Zn 是在强碱性的锌酸盐溶液中进行的，在去除 Al 焊区金属表面的氧化层的同时，化学沉积一层 Zn，既可以防止氧化层的再生成，又可以在其上化学镀其他金属，如 Ni-Au 和 Ni-Pb-Sn 层，从而可以获得这些镀层与 Al 焊区金属的牢固结合。

其原理是：当 Al 焊区金属浸入锌酸盐溶液中时，Al 上的氧化层就被溶解下来，它与 NaOH 发生如下化学反应：

$$Al_2O_3 + 2NaOH = 2NaAlO_2 + H_2O$$

接着，Zn 与纯 Al 发生置换反应，Zn 原子沉积在 Al 上，化学反应如下：

$$2Al + 3ZnO_2^{2-} + 2H_2O = 3Zn + 2AlO_2^- \uparrow + 4OH^-$$

由于 Zn 与 Al 的电极电位比较接近，因此置换反应进行得缓慢而均匀。

当然，NaOH 也会与 Al 发生化学反应，并放出 H_2，但由于 H_2 在 Zn 上的过电位较高，加上在强碱中氢离子浓度非常低，所以在上述过程中受到强烈的抑制，从而使 Al 不致受到严重腐蚀，对获得均匀细致的 Zn 镀层起到很好的保护作用。

锌酸盐溶液中还加入了少量的其他成分，主要是指 Zn 层中含有少许 Fe，以增加结合力，并提高抗蚀能力，也能防止 Mg、Cu 等重金属混入 Zn 层中。

采用二次浸 Zn，对提高 Zn 层的质量和改善结合力有明显的效果。因为第一次浸 Zn 时，首先要溶解 Al 的氧化层，然后再发生置换反应，沉积 Zn 层，所以这层结构结晶较粗大而疏松，应加以局部或全部去除，以使 Al 表面呈现均匀细致的活化状态，裸露的颗粒就成为再次浸 Zn 的晶核，故所得二次浸 Zn 层更加致密、均匀，从而增强了与 Al 的结合力。第一次浸 Zn 层可用 1∶1 的硝酸退除，经去离子水冲洗后在二次浸 Zn 液（或一次浸 Zn 液）中再次浸 Zn。

至此，制成了 Al 上稳定可靠的中间金属层，以后即可按照常规的化学方法镀其他金属层了，这里就不再一一赘述。

典型的化学镀凸点的结构如图 2-27 所示。

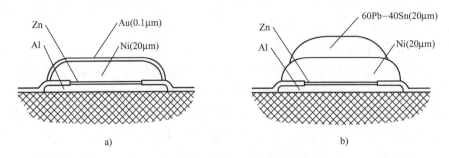

图 2-27　典型的化学镀凸点的结构

（4）打球（钉头）法　打球法常采用 Au 丝球焊接机。通常，Au 丝球焊是在 IC 芯片的 Al 焊区上打球焊接后，再将 Au 丝拉到外引线焊区位置上压焊断丝而完成 WB 过程的。而用 Au 丝球焊接机制作凸点是在 IC 芯片焊区上打球压焊后即将 Au 丝从压焊的末端断开，就形成一个带有尾尖的 Au 球状凸点（即钉头凸点），待芯片上所有焊区都形成这样的 Au 球状凸点后，该 IC 芯片就可以作为倒装焊芯片使用了。若一层高度不够，还可以在已形成的 Au 球状凸点上此法再打球—压焊—断丝，形成两层球状凸点，高度随之增加一倍，这就是简便易行的叠层凸点形成方法之一。打球凸点的制作工艺流程如图 2-28 所示。

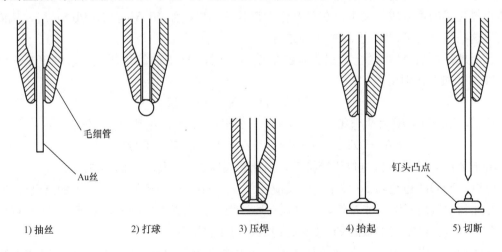

图 2-28　打球凸点的制作工艺流程

这样制作的凸点高度一致性较差，为消除这一不良影响，在芯片凸点全部完成后要对所有凸点进行磨平，去除球形尾尖后，就成为凸点高度、平整性及一致性好的芯片凸点了。利用同样的凸点制作方法，还可以在基板上对应芯片焊区的位置上制作出基板凸点，再与芯片凸点——对应压焊互连，就可完成 FCB。也可以在 IC 芯片上制作这类凸点而在基板上印（涂）Pb-Sn 焊膏，这样安放好倒装芯片后，就可以进行再流焊。

对于那些 I/O 数不多，且 Al 焊区面积较大的各类单芯片，采用这种凸点制作方法灵活、简便，芯片不浪费，因此成本低廉。但对 I/O 数较多、Al 焊区尺寸及节距小（均小于 $90\mu m$）的 LSI、VLSI 芯片，用这种方法就比较困难了，该方法也不适于大批量加工芯片凸点。

4. 凸点芯片的 FCB

制作的凸点芯片既可以在厚膜陶瓷基板上进行 FCB，又可以在薄膜陶瓷基板或 Si 基板上进行 FCB，还可以在 PCB 上直接将芯片进行 FCB。这些基板既可以是单层的，也可以是多层的，而凸点芯片要倒装焊在基板上层的金属化焊区上。

（1）FCB 互连基板的金属焊区制作　要使 FCB 与各类基板的互连达到一定的可靠性要求，安装互连 FCB 的基板顶层金属焊区就必须要与芯片凸点一一对应，与凸点金属具有良好的压焊或焊料浸润特性。使用 FCB 的基板一般有陶瓷、Si 基板、PCB、环氧树脂基板，基板上的金属层有 Ag/Pd、Au、Cu（厚膜工艺、薄膜工艺）、Au、Ni 等。薄膜陶瓷基板的金属化工艺采用"蒸发/溅射—光刻—电镀"的方法实现，在这种方法下可以制作 $10\mu m$ 线宽/金属化图形；而厚膜工艺只能满足凸点的尺寸、节距较大的凸点芯片的 FCB 要求。通常采用厚膜/薄膜混合布线，在基板顶层采用薄膜金属化工艺就能达到 FCB 任何凸点芯片的要求。

（2）FCB 的工艺方法　FCB 的工艺方法主要有以下几种：热压 FCB、再流 FCB、环氧树脂光固化 FCB 和各向异性导电胶 FCB。

1）热压 FCB。这种方法使用倒装焊接机，完成对硬凸点、Ni/Au 凸点、Cu 凸点、CuC 凸点、Cu/Pb-S 凸点的 FCB。倒装焊接机是由光学摄像对位系统、捡拾热压超声焊头、精确定位承片台及显示屏等组成的精密仪器设备。将预 FCB 的基板放在承片台上，用捡拾焊头捡拾带有凸点的芯片，一路光学摄像头对着凸点芯片面，另一路光学摄像头对着基板上的焊区，分别进行调准对位，并显示在屏幕上。待调准对位达到要求的精度后，就可以落下焊头进行压焊。使用倒装焊机完成对凸点的芯片连接，压焊头可加热并带有超声，同时承片台也需要加热，所加温度、压力、时间与凸点的金属材料和尺寸有关。

2）再流 FCB。再流 FCB 也称 C4 法，对各类 Pb/Sn 焊接点焊接凸点进行再流焊接。C4 技术是目前国际上最为流行的并且最具有发展潜力的焊料凸点制作及 FCB 技术。其主要特点包括：①既可以与光洁平整的陶瓷/Si 基板金属焊区连接，又能与 PCB 上的金属焊区连接。②C4 芯片凸点用高熔点焊料，PCB 焊区用低熔点焊料，倒装焊再流时，C4 凸点不变形，可弥补基板缺陷产生的焊接问题。③Pb、Sn 焊料熔化再流，表面张力会产生自对准效果，使倒装焊接时的对准精度要求大为降低。④可以用常规的 SMT 贴装设备在 PCB 上贴装焊接凸点芯片，从而达到规模化生产的目的。

3）环氧树脂光固化 FCB。这是一种微米凸点倒装焊接方法，与一般的 FCB 不同的是，这里利用光敏树脂固化时产生的收缩力将凸点与基板上的金属焊区牢固地连接在一起，因此环氧树脂光固化不是焊接，而是机械接触。这种 FCB 又称为机械接触法。

其工艺步骤为：在基板上涂光敏树脂→芯片凸点与基板金属焊区对位贴装→加紫外光并加压进行光固化→完成芯片的倒装焊接。光固化的树脂为丙烯基系，紫外光的光强为 $500mW/cm^2$，光照固化时间为 $3\sim5s$，芯片上的压力为 $0.01\sim0.05N/$凸点。这种工艺的特点为：工艺简单，不需要昂贵的设备，成本低。

4）各向异性导电胶（Anisotropically Conducting Adhesive，ACA）FCB。在各种液晶显示器与 IC 芯片的连接中，典型的方法是使用各向异性导电胶膜将 TAB 的外引线焊接到玻璃显示板的焊区上。使用各向异性导电胶可以直接倒装焊到玻璃基板上，称为玻璃上芯片技术。这种工艺简单，能使倒装焊的间距可达到 $50\mu m$ 甚至更小。

其步骤为：在基板上涂覆 ACA，将带有凸点的芯片与基板上的金属电极焊区对位后，芯片上加压并进行 ACA 固化，这样，导电粒子挤压在凸点与焊区间，使上下接触导电，而在 X、Y 平面上导电粒子不连续，所以不导电。一般而言 ACA 有热固型、热塑型和紫外光固化型等几种。

通常，在倒装焊完成后，需要在基板与芯片之间填充环氧树脂，这种环氧树脂是十分重要的。首先，环氧树脂可以保护芯片免受环境影响，耐受机械振动和冲击；其次，环氧树脂可以减小芯片与基板间热膨胀系数适配的影响，起到缓冲的作用；最后，环氧树脂可以使得应力和应变再分配，缓解芯片中心及四角部分凸点连接处应力和应变过于集中。这样在环氧树脂的作用下，元器件的可靠性可以提高为原来的 $5\sim10$ 倍。

实际使用中合格的环氧树脂填充料应符合以下要求：①填料无挥发性，否则可能导致机械失效。②应尽可能减小应力失配，甚至消除应力失配。③固化温度要低，因为高的固化温度不但可能引起 PCB 的变形，也可能引起芯片的损坏。④填料的粒子尺寸应小于倒装芯片与基板的间隙。⑤在填充温度下的填料黏滞性要低，流动性要高。⑥填料应具有较高的弹性模量与弯曲强度，以确保焊接点不会断裂。⑦在高温高湿环境下，填料的绝缘电阻要高，以免产生短路现象。⑧其抗化学腐蚀能力要强。

一般填料的方法是将倒装芯片—基板加热到 $70\sim75℃$，利用有填充料的 L 形注射器，沿芯片的边缘双向注射填充料，由于细缝的毛细管虹吸作用，填料被吸入并向基板的中心流动，直至固化。

综上所述，FCB 的主要优点有：①互连线短，互连电容、电阻和电感小，适合高频、高速元器件；②占基板的面积小，安装密度高；③芯片焊区可面分布，适合高 I/O 器件；④芯片安装与焊接可以同时进行，工艺简单、快速、适合 SMT 工业化大批量生产。FCB 的主要缺点有：①需要精选芯片；②安装互连工艺操作有难度，焊点检查困难；③凸点制作工艺复杂，提高了芯片制作工艺及成本；④材料间匹配性生产周期加长，散热能力有待提高。

2.6　成形技术

芯片互连完成之后，到了封装成形阶段，即将芯片与引线框架包装起来，常见的成形技术主要有金属封装、塑料封装、陶瓷封装等。从成本的角度和其他方面综合考虑，塑料封装是最常用的封装方式，占据市场 90% 的份额。

　　塑料封装的成形技术有多种，主要包括转移成形技术（Transfer Molding）、喷射成形技术（Inject Molding）和预成形技术（Premolding）等。但是最主要的成形技术是转移成形技术，转移成形技术所使用的材料主要是热固性聚合物（Thermosetting Polymer），所谓的热固性聚合物是指低温时聚合物是塑性的或流动的，但是将其加热到一定温度时，即发生所谓的交联反应，形成刚性固体。若将其继续加热，则聚合物只能变软而不能熔化、流动。

　　塑料封装中的典型工艺流程如下所述：将已经贴装芯片并完成引线键合的框架带置于模具中，把塑封的预成形块在预热炉中加热（预热温度在 90~95℃ 之间），然后放进转移成形机的转移罐中。在转移成形活塞的挤压下，塑封料被挤压到浇道中，并经过浇口注入模腔中（整个过程中模具温度保持在 170~175℃ 之间）。塑封料在模具中快速固化，经过一段时间的保压，使得模块达到一定硬度，然后用顶杆顶出模块，成形过程结束。

　　对于大多数塑封料而言，在模具中保压几分钟后，模块的硬度足以达标并被顶杆顶出，但是，聚合物的固化（聚合）并未全部完成。由于材料的聚合度严重影响材料的玻璃转变温度及热应力，所以促使材料全部固化以达到一个稳定的状态，对于提高元器件的可靠性十分重要的。后固化是提高塑封材料聚合度而必需的工艺步骤，一般后固化条件为 170~175℃、2~4h。目前也发展出了一些快速固化的塑封料，在使用这些材料时，就可以省去后固化的工序，提高生产效率。

　　转移成形法的技术和设备都比较成熟，工艺周期短，成本低，几乎没有后整理方面的问题，适合于大批量生产。但是塑封料的利用率不高，要使用标准的框架材料，对于扩展转移成形技术至较先进的封装技术不利，对于高密度封装有限制。

　　转移成形技术的设备主要包括预加热器、压机、模具和固化炉。目前，转移成形技术的自动化程度越来越高，预热、框架带的放置、模具放置等工序都可以达到完全自动化，塑封料的预热控制、模具的加热和塑封料的固化都是由计算机自动编程控制完成，大大提高了生产效率。

2.7　后续工艺

　　元器件封装完成后，在出厂之前还需要进行后续处理，主要包括去飞边毛刺、上焊锡、切筋打弯、打码等。

2.7.1　去飞边毛刺

　　封装完成后需要先将引线框架上的多余残胶去除，因为塑料封装过程中会出现塑封料树脂溢出、贴带毛边和引线毛刺等现象，这些统称为飞边毛刺现象。若塑封料只在模块外的框架上形成薄薄的一层，面积也很小，通常称为树脂溢出；如果渗出部分较多、较厚，则称为毛刺或者飞边毛刺。造成溢出或飞边毛刺的原因很复杂，一般认为是与模具设计、注模条件及塑封料本身有关。毛刺的厚度一般要小于 10μm，它给后续工序如切筋打弯等带来麻烦。

因此在切筋打弯之前，要进行去飞边毛刺工序。

去除飞边毛刺的工艺主要有：介质去飞边毛刺、水去飞边毛刺和溶剂去飞边毛刺等。另外，当溢出塑封料发生在引线架堤坝背后时，可用所谓的切除工艺。

介质去飞边毛刺是将研磨料如粒状塑料球和高压空气一起冲洗模块。在去飞边毛刺的过程中，介质轻微擦磨引线架引脚的表面，这将有助于焊料和金属引线架的连接。

水去飞边毛刺工艺是利用高压的水流来冲击模块，有时也会同时使用研磨料和高压水流。溶剂去飞边毛刺通常只适用于很薄的毛刺。溶剂包括 N-甲基吡咯烷酮（NMP）或双甲基呋喃（DMF）。

2.7.2　上焊锡

该工序是在框架引脚上做保护性镀层以增加其可焊性。对封装后框架引脚的处理可以是电镀或浸锡工艺。

电镀目前都是在流水线式的电镀槽中进行的。首先进行清洗，然后在不同浓度的电镀槽中进行电镀，最后冲洗、吹干，放入烘箱中烘干。浸锡也是首先进行清洗工序，将预处理后的元器件在助焊剂中浸泡，再浸入熔融铅锡合金镀层。浸锡的基本的工艺流程为：去飞边→去油→去氧化物→浸助焊剂→热浸锡→清洗→烘干。

浸锡容易引起镀层不均匀，一般是由于熔融焊料表面张力的作用使得浸锡部分中间厚，边上薄。而电镀的方法会造成所谓的"狗骨头"（Dog-Bone）问题，即角周围厚，中间薄，这是因为在电镀的时候容易造成电荷聚集效应，更大的问题是电镀液容易造成离子污染。焊锡的成分一般是 63Sn/37Pb。这是一种低共熔合金，其熔点在 183～184℃之间。也有使用成分为 85Sn/15Pb、90Sn/10Pb 和 95Sn/5Pb 的。减少铅的用量，主要是出于对环境保护的考虑，因为铅对环境的影响正日益引起人们的重视。

2.7.3　切筋打弯

切筋打弯实际是两道工序。切筋的目的是将整条框架上已经封装好的元器件分开，同时把不需要的连接用材料切除。打弯的目的是将引脚弯成一定的形状以适合装配。切筋打弯通常是同时完成的，有时会在一台机器上完成，但有时也会分开完成，如 Intel 公司是先做切筋后完成焊锡，这样做的好处是可以减少没有镀上焊锡的面积。

切筋的方式有同时加工式和顺送加工式。

打弯工艺的目的是将这些外引脚制作成各种预先设计好的形状，以便于装置在电路板上使用，由于定位及动作的连续性，切筋和打弯通常要连续操作完成。对于打弯工艺，最主要的问题是引脚的变形。对于通孔插装装配要求而言，由于引脚数较少，引脚又比较粗，基本上没有问题。而对于表面贴装来说，尤其是高引脚数目引线架和微细间距引线架器件，主要问题是引脚的非共面性，造成非共面性的原因主要有两个：一个是在工艺过程中的人为不恰当处理，但随着生产自动化程度的提高，人为因素大大减小，使得这方面的问题几乎不再存在；另一个原因是成形过程中产生的热收缩应力，在成形后的降温过程中，塑封料在继续固化收缩，同时塑封料和引线架材料之间的热膨胀系数失配引起的塑封料收缩程度要大于引线架的收缩，有可能造成引线架带的翘曲，引起非共面问题。因此，针对封装模块越来越薄、引线架引脚越来越细的趋势，需要对引线架重新进行设计，包括材料的选择、引线架带的长度和引线架的形状等。

2.7.4 打码

打码就是在封装模块的顶部印上去不掉的、字迹清楚的标识，包括制造商的信息、国家、元器件代码等。主要目的是为了识别和跟踪。打码的方法有多种，其中最常用的是油墨印码和激光印码两种。油墨印码的过程有些像敲橡胶图章，一般是用橡胶来刻制打码所用的标识。油墨分子通常是高分子化合物，是基于环氧或酚醛的聚合物，需要进行热固化，或使用紫外光固化。使用油墨打码，对模块表面要求比较高，如果模块表面有沾污现象，油墨就不容易印上去。另外，油墨比较容易擦去。有时为了节省生产时间和操作步骤，在模块成形之后首先进行打码，然后将模块进行后固化，这样，塑封料和油墨可以同时进行固化，但需要特别注意的是在后续工艺中不能接触模块的表面，以免损坏模块表面的印码。使用激光印码，就是利用激光技术在模块表面印上标识。激光源通常是 CO_2 或 Nd：YAG，与油墨印码相比，激光印码的最大优点是不容易被擦去，而且不涉及油墨的质量问题，对模块表面的要求较低，也不需要后固化工序。激光印码的缺点是字迹较淡，与没有激光打码的模块表面区别不明显，但后续可以通过对塑封料着色剂的改进来解决这个问题。

小　结

本章主要讲述了微电子封装技术的基本工艺流程，首先介绍了常用的基本工艺流程，然后对每一道工序进行了详细的介绍，主要包括芯片减薄的基本工艺方法、芯片切割的基本工艺方法、芯片贴装的基本工艺方法、芯片互连的基本工艺方法、成形技术的基本知识和成形后的基本工艺，其中重点介绍了芯片互连技术，包括三种常见的互连技术：打线键合技术、载带自动键合技术和倒装芯片键合技术，对每一种互连技术的基本工艺等进行了详细的介绍。

习　题

2.1 简述微电子封装技术的基本工艺流程。

2.2 简述芯片减薄的常用工艺技术。

2.3 简述芯片切割的常用工艺技术。

2.4 简述芯片贴装的常用工艺技术。

2.5 简述打线键合的常用工艺技术。

2.6 简述载带自动键合技术的优点。

2.7 简述载带自动键合技术的类别。

2.8 简述 FCB 技术中凸点的制作技术。

2.9 简述微电子封装中常用的成形技术。

2.10 简述常用的去飞边毛刺技术及其主要特点。

第 3 章　包封和密封技术

教学目标：
- 了解包封技术的特点
- 了解常用的包封材料
- 了解常用的包封工艺
- 了解传递模注封装的主要优点和缺点
- 了解模注成形技术的常见问题及解决对策
- 了解常用的密封技术

3.1　概述

大多数芯片只有在封装以后，才能实现其预先设计的功能。封装可以说是半导体集成电路芯片的外壳，具有机械支撑、散热防潮、应力缓和、电气连接等功能。使用有机物材料封装称为包封，通常用低温聚合物来实现，包封是非密封性的，又称为非气密封装；使用无机物材料封装称为密封，密封通常是气密性的，又称为气密封装。

包封和密封的目的都是将芯片与外部温度、湿度、空气等环境隔绝，起保护和电气绝缘作用；同时还可向外散热及释放应力。封装的气密性一般用阻挡氦气扩散的能力来度量，漏气率低于 $10^{-8}\,cm^3/s$，则认为是气密的。密封封装所用的外壳可以是金属、陶瓷或玻璃，而密封腔体可以是真空、氮气或惰性气体。密封封装的可靠性较高，但价格也高。当前，由于封装技术及材料的改进，包封封装的可靠性已大大提高，有机物封装是非气密封装，但是它的可靠性已为许多实际使用者所接受。密封在相关场合正在被低成本的准气密性的包封所替代，目前包封占据了整个封装市场份额的 95％以上，但在军事、太空、水下等特殊领域，密封封装是必不可少的。

3.2　包封技术

3.2.1　包封特点及要求

包封通过将有源器件和环境隔离来实现保护元器件的功能，同时芯片和封装材料形成一体，以达到机械保护的目的。包封一般采用有机材料，成本相对较低，在民用集成电路封装中占主导地位。但其耐湿性不佳，影响了产品可靠性，因此对于可靠性要求严格的大型电子计算机等应用领域，必须采用气密性封装。

3.2.2 包封材料

1. 包封材料的选择

由于包封需要高纯度的聚合物，故非气密性封装的广泛使用出现在气密封装使用后的许多年。传统的塑料封装和聚合物包封电路均属于非气密性封装的范畴。早期，这些聚合物不能有效阻止湿气的侵蚀，故在加速试验和实际应用时，湿气一旦进入到 IC 及其组装的精密表面，就会降低器件性能。对塑料封装来说，不适当的黏结、材料本身的粘污、不匹配的热膨胀系数、与应力相关的问题等技术问题都得到了很好的解决，相对不成熟的填充技术、材料成形技术以及工艺等方面技术也有了明显改善，包封封装在 20 世纪 70 年代初期开始崭露头角。在这段时间里，作为抵挡湿气侵入的第一道防线——器件有源区表面的玻璃钝化层，其质量也有了很大的提高。所有这些相关技术的进步，成为包封封装开始被接受的基础，并最终推动其广泛应用。

包封材料是以环氧树脂为基础成分添加了各种添加剂的混合物。目前，趋向高端化的集成电路对包封材料性能的要求，主要有八个方面：①成形性，包括流动性、固化性、脱模性、模具沾污性、金属模耗性、材料保存性和封装外观性等；②耐热性，包括耐热稳定性、玻璃化温度、热变形温度、耐热周期性、耐热冲击性、热膨胀性和热传导性等；③耐湿性，包括吸湿速度、饱和吸湿量、焊锡处理后耐湿性等；④耐腐蚀性，包括离子性不纯物及分解气体的种类、含有量和萃取量；⑤黏结性，包括元件、导线构图、安全岛、保护模等的黏结性，高湿及高湿下黏结强度保持率等；⑥电气特性，包括各种环境下电绝缘性、高周波特性和带电性等；⑦机械特性，包括拉伸及弯曲特性（强度、弹性和高温下保持率）和冲击强度等；⑧其他性能，包括可印性（油墨、激光）、阻燃性、软弹性、无毒及低毒性、低成本和着色性等。

从基质材料的综合特性来看，最常用的包封材料分为四种类型：环氧类、氰酸酯类、聚硅酮类和氨基甲酸乙酯类，目前 IC 封装使用邻甲酚甲醛型环氧树脂体系的较多，该体系具有耐湿、耐燃、易保存、流动填充性好、电绝缘性高、应力低、强度大和可靠性好等特点。

2. 包封材料的可靠性

包封是非气密性封装，最主要的缺点是对潮气比较敏感。如果工艺控制不好，就会使集成电路的抗潮湿性能降低。如果塑封体内含有较多的水汽，集成电路的参数就会变坏，当集成电路处于潮湿环境时，集成电路的参数会进一步恶化，甚至会使集成电路不能正常工作。塑封集成电路的包封体跟其他材料一样，会从环境中吸收或吸附水汽，特别是当集成电路处于潮湿环境时，会吸收或吸附较多的水汽，并且会在表面形成一层水膜。如果集成电路的塑封料与引线框架黏附不好，或是界面的材料存在微裂纹，或是界面的材料在结构上有缺陷，水汽就会沿着这些缺陷进入到包封体内部，甚至芯片表面，腐蚀芯片的铝金属化层。另外，水汽也会穿过塑封体进入到封装体内部，如果塑封存在缺陷，水汽就会加速进入到塑封体内部，从而导致集成电路失效。由于水分子的直径很小，约为 2.5×10^{-8} cm，具有很强的渗透和扩散能力，能够穿过塑封料的毛细孔口分子间隙渗入到封装体的内部。要提高集成电路抗潮湿性能，可以通过改进芯片钝化层和集成电路的设计，提高芯片装片的工艺质量，优化集成电路封装工艺等途径解决。

3.2.3　包封工艺

常用的包封封装法，一般是将树脂覆盖在半导体芯片上，使其与外界环境隔绝。覆盖树脂的方法有以下五种。

1. 涂布法

用笔或毛刷等蘸取树脂，在半导体芯片上涂布，然后加热固化完成封装。涂布法要求树脂黏度适中略低。涂布法的操作示意图如图 3-1 所示。

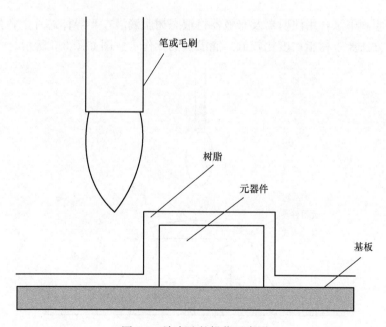

笔或毛刷

树脂

元器件

基板

图 3-1　涂布法的操作示意图

2. 浸渍法

将芯片浸入装满环氧树脂或酚树脂液体的浴槽中，浸渍一定时间后向上提拉，然后加热固化完成封装。使用这种方法需要注意避免 I/O 引脚变形，避免搭接，要采用掩膜等方法避免树脂在不需要的部位上附着。浸渍法的操作示意图如图 3-2 所示。

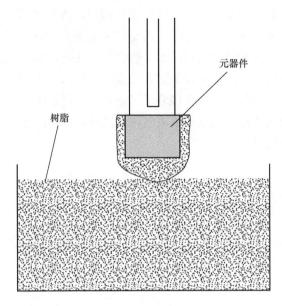

图 3-2　浸渍法的操作示意图

3. 滴灌法

滴灌法又叫滴下法，用注射器及布液器将液态树脂滴灌在半导体芯片上，然后加热固化完成封装。该方法要求树脂黏度比较低。滴灌法的操作示意图如图 3-3 所示。

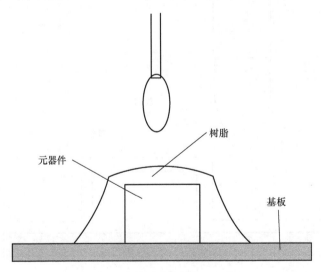

图 3-3　滴灌法的操作示意图

4. 流动浸渍法

流动浸渍法又叫粉体涂装法。将芯片置于预加热的状态，浸入装满环氧树脂与氧化硅粉末的混合粉体，并置于流动状态的流动浴槽中，浸渍一定时间，待粉体附着达到一定厚度后，经加热固化完成封装。流动浸渍法的操作示意图如图 3-4 所示。

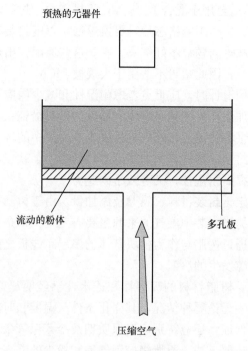

图 3-4　流动浸渍法的操作示意图

5. 模注法

将芯片放入比其尺寸略大的模具或树脂盒中，构成模块，向模块间隙中注入液体树脂，然后加热固化完成封装，这是最常见的一种包封形式。模注法的操作示意图如图 3-5 所示。

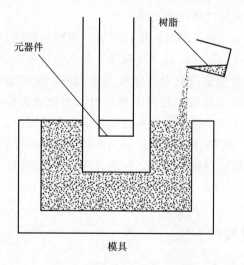

图 3-5　模注法的操作示意图

无论采用哪种方法，由于无例外的都属于树脂封装，因此不可避免地都会浸入一定程度的湿气。因此这些方法主要是用于规模较小，价格比较便宜的一些民用器件。其可靠性保证期也短，只有 2～3 年，不适合用于混合 IC 等 MCM 封装中。封装之后，当发现不合格或出现故障时，需要剥离树脂，找出不合格芯片，更换返修，再度封装时，剥离液对正常芯片产生的影响以及剥离液的清洗等问题都不好解决。基于这些原因，出现故障的塑封元件一般以废品处理，好在其价格便宜，因此塑封不适用于大规模 MCM。

在对树脂封装进行结构设计时，应重点考虑耐湿性和减少内应力这两个问题。对于前者应减小可能的漏气环节，加强从外气到半导体元器件的密封措施；对于后者应正确把握封装树脂热膨胀系数与其填充量等的关系，减少容易发生应力集中的环节等。在有些情况下，可以采用从里到外三层树脂封装的结构，例如靠近芯片的为一柔软层，中间为一缓冲层，外部为一致密层等，这样既可提高耐湿性，又可减小内应力。

树脂封装的可靠性决定于封装材料、膜厚及添加量。由于树脂材料为有机物，或多或少存在耐湿气较差的问题。树脂封装中湿气的来源主要有三个：一是树脂自身的吸湿性；二是树脂自身的透水性；三是通过树脂与作为模块基体的多层布线板之间的间隙，以及通过封装与 MCM 引脚等之间的间隙发生的渗漏。

通过厂家多年的努力，树脂材料的吸湿性和透水性已经明显改善。树脂材料有单一液体，还有两种液体的混合。无论哪种情况，其固化条件（温度和时间）对吸水性和透水性都有决定性影响，必须严格保证，还应特别注意保质期及冷藏保管条件等。树脂材料在使用前要进行脱泡处理，必要时还要过滤，要严格控制气泡和粉尘的混入。对于两种液体混合使用的情况，混合比十分关键，小小的差错就有可能严重影响封装的可靠性，要采取措施保证混合比准确可靠。关于密封性，不单单取决于树脂材料，还取决于引脚的表面态以及树脂材料同氧化铝陶瓷多层布线板等基体材料的匹配情况等，因此，需要选择适合于基体材料的树脂。对于耐湿性良好，而密封性不太理想的树脂，可以通过增加基体材料表面粗糙度等方法，增加整体的密封性。例如，当采用厚膜法在多层布线板表面形成绝缘体层时，可在通常的非晶态玻璃层表面再经丝网印刷、干燥、烧成一层晶态玻璃层，使其表面呈塑烧状态，粗糙不平，以此增加与封装树脂之间的密封性。

无论采用哪种树脂封装方法，芯片周围包围着的树脂材料越多，有效隔离长度越长，耐湿性越好，则对芯片半导体结等保护效果就越好。但从另一方面讲，随着封装树脂量和树脂中内应力的增加，会造成氧化铝陶瓷等布线板发生翘曲，致使布线板上搭载的芯片部件剥离，引起 WB 电气连接破坏，造成布线板上厚膜电阻中出现裂纹等，这些都足以使整个电子系统发生故障。因此，要正确把握封装树脂填充量、有效隔绝长度、耐湿性和内应力等多种因素之间的关系。对于 MCM 中搭载各种不同形状片式元器件的情况，由于表面凹凸差别很大，更要注意把握封装树脂材料的黏度、封装方法、硬化条件、耐湿性及内应力等各种因素的关系。

3.2.4 传递模注封装

传递模注封装是热固性塑料的一种成形方式，模注时先将原料在加热室加热软化，然后压入已被加热的模腔内固化成形。该技术价格便宜，适于大批量生产，是目前半导体产业中最常用的封装形式。传递模注按设备不同有三种形式：活板式、罐式和柱塞式。

传递模注封装对塑料的要求是：在未达到固化温度前，塑料应具有较大的流动性，达到固化温度后，又须具有较快的固化速率。能符合这种要求的有酚醛、三聚氰胺甲醛和环氧树脂等。

传递模注封装具有以下优点：①制品废边少，可减少后加工量；②能加工带有精细或易碎嵌件和穿孔的制品，并能保持嵌件和孔眼位置的正确；③制品性能均匀，尺寸准确，质量高；④模具的磨损较小。

传递模注封装具有以下缺点：①模具的制造成本较高；②塑料损耗大；③纤维增强塑料因纤维定向而产生各向异性；④围绕在嵌件四周的塑料，有时会因熔接不牢而使制品的强度降低。

传递模注封装的工艺过程可简单描述如下：①给粉末状树脂加压，打模成形，制成塑封料饼；封装前，用高频介质预热机给料饼预热。②预热后的料饼投入模具的料筒内。③模具注塑头给料饼施加压力，树脂由料筒经流道，通过浇口分配器进入浇口，最后填充到型腔中。④待封装树脂基本填满每个型腔之后通过注塑头加压力，在加压状态下保持数分钟，树脂在模具内发生充分的交联固化反应，硬化成形。⑤打开模具，取出封装好的集成电路制品。切除流道、浇口等不必要的树脂部分。到此阶段树脂聚合仍不充分，特性也不稳定，要在 160～180℃ 温度下经数小时的高温加热，聚合反应才完成。最后要处理外部引脚，去除溢出的树脂，经过电镀焊料或电镀锡等处理以改善引脚的耐腐蚀性及互连时焊料与它的浸润性。

3.2.5 塑封成形常见问题及对策

所有塑封产品无论是采用先进的传递模注封装还是采用传统的单注塑模封装，塑封成形缺陷总是普遍存在的，而且无法完全消除。比较之下，传统塑封模式的成形缺陷数量多、尺寸大、不良率较高。塑封成形的质量主要由三方面因素决定：①塑封料性能，其中包括应力、流动性、脱模性、弯曲强度、弯曲模量、胶化时间和黏度等。②模具，包括浇道、浇口、型腔、排气口舌设计与引线框设计的匹配程度等。③工艺参数，主要是合模压力、注塑压力、模具温度、固化时间、注塑速度和预热温度等。

由于塑封成形缺陷的种类较多，在不同的封装系列上有不同的表现形式，发生概率和位置也有很大差异，产生原因较为复杂，因此，应分别对每种缺陷进行分析并制定对策。

1. 未填充

未填充的形成有多种原因。

（1）模具温度过高引起的有趋向性的未填充 预热后的树脂在高温下反应速度加快，致使树脂的胶化时间相对变短，流动性变差，在型腔还未完全充满时，树脂的黏度将会急剧上升，流动阻力也变大，以至未能得到良好的填充。在大体积电路封装中比较容易出现这种现象，因为这些大体积电路每模树脂的用量往往比较大，为使在短时间内达到均匀受热的效果，模具温度往往设定得比较高，所以容易产生未填充现象。

这种有趋向性的未填充主要是由树脂流动性差而引进的，可采用的解决方法有：提高树脂的预热温度，使其均匀受热；增加注塑压力和速度，使树脂的流速加快；降低模具温度，以减缓反应速度，延长树脂流动时间，从而达到充分充填的效果。

（2）模具浇口堵塞引起的未填充　模具浇口堵塞致使树脂无法有效注入，或者模具清洗不当造成排气孔堵塞，也会引起未充填，而且这种未充填在模具中的位置也是毫无规律的，小体积电路出现这种未充填的概率较大。

可以用工具清除堵塞物，并涂上少量的脱模剂，并且在每模封装后，都用气枪和刷子将料筒和模具上的树脂固化料清除干净。

（3）树脂用量不够引起的未充填　这种情况一般出现在更换树脂、封装类型或者更换模具的时候，选择与封装类型和模具相匹配的树脂用量，即可解决，但是用量要适当。

2. 冲丝

在封装成形时，树脂呈现熔融状态，具有一定的熔融黏度和流动速度，所以自然具有一定的冲力，这种冲力作用在金丝上，很容易使金丝发生偏移，甚至会造成金丝冲断。这种现象在塑封的过程中很常见，也无法消除，但是如果选择适当的黏度和流速还是可以将其控制在合适的范围内的。要降低冲丝程度和冲丝缺陷的发生率，关键在于选择和控制树脂的熔融黏度和流速。塑封过程中树脂的熔融黏度是不断变化的，一般是由高到低再到高的变化过程，而且存在一个低黏度期，所以应该选择合理的注塑时间，使模腔中的树脂在低黏度期内流动，以减少冲力。减小冲力还要选择合适的流动速度。影响流动速度的因素很多，可以从注塑速度、模具温度、模具流道、浇口等因素来考虑。另外，长金丝的封装产品比短金丝的封装产品更容易发生冲丝现象，所以芯片的尺寸与小岛的尺寸要匹配，避免大岛小芯片现象，以减小冲丝程度。

3. 气泡或气孔

在封装成形的过程中，气孔是最常见的缺陷。特别是采用单注塑模封装，严格来讲，是无法完全消除的。气泡的产生不仅使塑封体强度降低，而且耐湿性、电绝缘性能大大降低，对集成电路安全使用的可靠性将产生很大的影响，情况严重的将导致集成电路失效，为电器的使用留下安全隐患。根据气孔在塑封体上产生的部位可以分为内部气孔和外部气孔，而外部气孔又可以分为顶端气孔和浇口气孔。

（1）顶端气孔　顶端气孔的形成主要有两种情况，一种是由于各种因素使树脂黏度迅速增大，注塑压力无法有效传递到顶端，顶端残留的气体无法排出而造成气孔缺陷；一种是树脂的流动速度太慢，以至于型腔没有完全充满就开始发生固化交联反应，这样也会形成气孔缺陷。解决这种缺陷最有效的方法就是增加注塑速度，适当调整预热温度。

（2）浇口气孔　浇口气孔产生的主要原因是树脂在模具中流动速度太快，当型腔充满时，还有部分残余气体未能及时排出，而此时排气口已经被溢出料堵塞，气体在注塑压力的作用下，往往会被压缩而留在浇口附近的部位。解决这种气孔缺陷的有效方法就是减慢注塑速度，适当降低预热温度，以使树脂在模具中的流动速度减缓；为了促进挥发性物质的逸出，可以适当提高模具温度。

（3）内部气孔　内部气孔的形成原因主要是模具表面的温度过高使贴近腔表面的树脂过

快或者过早发生固化反应，加上较快的注塑速度使得前方排气口部位充满，以至于内部的部分气体无法克服表面的固化层而留在内部形成气孔。这种气孔多出现在浇口端和中间位置。要有效地降低这种气孔的发生率，首先要适当降低模具温度，其次可以考虑适当提高注塑压力，但是过分增加压力会引起冲丝、溢料等其他缺陷，目前工艺线上压力范围基本为8～10MPa。

4. 麻点

在树脂封装成形后，封装体的表面有时会出现大量微细小孔，而且位置都比较集中，表面粗糙。这些缺陷往往会伴随其他缺陷出现，比如未充填、开裂等。这种缺陷产生的原因主要是料饼在预热的过程中受热不均匀，料饼各部位的温差较大，导致注入模腔后固化反应不一致，形成麻点缺陷。引起料饼受热不均匀的因素也比较多，主要有以下三种情况：

（1）料饼边缘破损缺角　对于破损严重的料饼，只能放弃不用。对于一般破损缺角的料饼，其缺损的长度小于料饼高度的1/3，并且在预热机滚轴上转动平稳，方可使用。而且为了防止预热时倾倒，可以将破损的料饼夹在中间。在投入料筒时，最好将破损的料饼置于底部或顶部，这样可以改善料饼之间的温差。

（2）料饼预热时放置不当　在预热结束取出料饼时，往往会发现料饼的两端比较软，而中间比较硬，温差较大。一般预热温度设置在84～88℃时，温差为8～10℃，这样封装成形时最容易出现麻点缺陷。要解决因温差较大而引起的麻点缺陷，可以在预热时将各料饼之间留有一定的空隙来放置，使各料饼都能充分均匀受热。经验表明，在投料时先投中间料饼后投两端料饼，也会改善这种因温差较大带来的缺陷。

（3）加热板高度设定不合理　预热机加热板高度设定不合理也会引起受热不均匀，从而导致麻点的产生。因此当同一预热机上使用不同大小的料饼时，应该注意调整加热板的高度，避免加热板与料饼距离忽远忽近导致料饼受热不均。比较合理的距离是3～5mm，过近或者过远均不合适。

5. 开裂

在封装成形过程中，粘模、树脂吸湿、各材料的膨胀系数不匹配等都会造成开裂缺陷。

粘模引起开裂的主要原因有固化时间过短、树脂的脱模性能较差或者模具表面粘污。在成形工艺上，可以适当延长固化时间，使之充分固化；在操作上，可在用模前将表面清除干净，也可以将模具表面涂上适量的脱模剂。

树脂吸湿引起开裂，在工艺上，要保证在保管和恢复常温的过程中，避免吸湿的发生；在材料上，可以选择具有高耐热性、低膨胀系数、低吸水率、高黏结力的树脂。

各材料膨胀系数不匹配也会引起开裂，应当选择与芯片、框架等材料膨胀系数相匹配的树脂。

6. 溢料

溢料又称飞边，是一个常见的缺陷形式，这种缺陷本身对封装产品的性能没有影响，只会影响后来的可焊性和外观。产生溢料的原因有两个方面：一是材料方面，树脂黏度过低、填料粒度分布不合理等都会引起溢料的发生，可以在黏度的允许范围内，选择黏度较大的树脂，并调整填料的粒度分布，提高填充量，这样就可从选择合适材料方面来减少溢料的发生；二是封装工艺方面，注塑压力过大，合模压力过低，模具磨损或基座不平导致合模后的间隙过大，同样可以引起溢料，应当通过适当降低注塑压力或提高合模压力，尽量减少磨损，调整基座的平整度，来减少缺陷。

7. 其他缺陷

在塑封中还有粘污、偏芯等缺陷，主要采用清模、纠正操作姿势等方法解决。

3.3　密封

所谓密封是指将芯片置于密闭环境下，相关的封装制作技术称为气密封装技术。气密封装技术主要有焊料焊、钎焊、熔焊、玻璃封装等。

为便于通过焊接来达到与陶瓷基板的封装，金属表面必须覆有金属封接带。在硬玻璃封装中，用柯伐合金（17Co/29Ni/53Fe）或铁镍合金（42Ni/58Fe）制作的封装框架通过硼硅酸盐玻璃首先安装到基板上。在陶瓷封装中，封接带材料由厚膜方法、共烧结铜或钨合金形成，然后对封装框架进行适当的电镀，通过焊料焊或熔焊的方法封接金属盖。焊接技术的大吞吐量、高产量和高可靠性，促使陶瓷封装从玻璃封接向熔焊转变。选择封接方法主要考虑的因素是仪器的实用性和混合电路的成本。由于熔焊生产效率高且具有可重复性，故更经济实用。当要求能够拆卸和再密封盖板时，常采用焊料焊或钎焊。目前最常用的封装方法是熔焊。

3.3.1　焊料焊

气密焊接所使用的焊料是基于焊接操作前后工艺要求的温度范围以及要求的最小封装强度和成本来选择的。例如，在芯片载体和PCB进行焊接时，密封盖必须保持完好。在这种情况下，封接用的焊料相对于芯片安装用的焊料，必须要有更高的熔化温度。在针栅阵列（PFA）封装中，盖帽需要进行二次加工，这里封装焊料的熔点相对于针脚和基板之间的焊接或钎焊的熔点要低得多。尽管封装焊料在气密封装中广泛应用，但可以加入一些合金添加剂，如铟和银，来提高强度或抗疲劳能力。

3.3.2　钎焊

在封装强度和抗腐蚀性要求更高的情况下，可以采用共晶Au-Sn（80∶20）的钎焊来代替焊料焊接，这时不再需要阻焊剂。钎焊一般将一个薄且窄的平头焊到一个镀金的柯伐合金盖上。基板上的金属封装带一般也镀金以得到好的浸润性和抗腐蚀性。对于用加热炉封装，典型的回流时间为 2～4min，温度高于共晶温度（280℃），最高温度大概为 350℃。其他封装方法也可以采用改进的钎焊封装。

3.3.3　熔焊

对高可靠性封装，如军用方面，最常用的封装方法是熔焊。80％的军用封装是熔焊。尽管其仪器的初始成本比较高，但由于熔焊的高产量和良好的可靠度，该方法常被采用。在熔焊中，高电流脉冲可以把局部加热到 1000～1500℃，使封装的盖板或平板熔化。该局部加热也防止了对内部元件的破坏。熔焊中比较常用的一种方法是平行缝焊法，平行缝焊法也称为串焊，焊接通过一对小的带式铜电极轮来移动封装外壳和封装盖板。转换器产生一系列的能量脉冲，该能量脉冲从一个电极，经过封装外壳—盖板界面的侧壁，到达另一个电极。

3.3.4　玻璃封装

从 20 世纪五六十年代晶体管出现起，玻璃就开始用在半导体封装工艺中。玻璃一开始是用于器件钝化工艺，截至目前，玻璃还在该领域内使用，作为半导体器件抵挡外界湿气和其他粘污的第一道防线。

玻璃封装应用在各种封装类型中，从最早封装的第一个晶体管的 TO 帽，到最近的陶瓷封装。前者，玻璃被用来形成玻璃和金属之间的封装，同时通过金属板或帽的小孔完成封装引线的输入输出连接；后者，玻璃用于在陶瓷盖板和芯片安装的陶瓷基板之间形成密封的夹心层。在陶瓷双列直插封装中，同样可以采用玻璃封装来达到上面的两个功能。低熔点含铅玻璃也用在一些气密封装的低温封装中。

小　　结

本章主要讲述了两种常见的封装技术：密封和包封。包封技术部分主要讲述了包封技术的特点、常用的包封材料、常用的包封工艺、传递模注封装技术的优点和缺点、传递模注封装技术的工艺流程、塑封封装成形技术的常见问题及其对策等内容；密封技术部分主要讲述了常用的熔融金属密封技术、焊料焊密封技术、钎焊密封技术、熔焊密封技术和玻璃密封技术。

习　　题

3.1　简述包封技术的特点。

3.2　简述包封技术常用的材料。

3.3　简述包封技术的工艺过程。

3.4　简述传递模注封装技术的优点和缺点。

3.5　简述塑封成形技术的常见问题。

3.6　简述塑封成形技术常见问题的解决对策。

3.7　简述常见的密封技术。

第4章　厚膜和薄膜技术

教学目标:
- 了解厚膜和薄膜集成电路技术
- 了解厚膜技术的工艺
- 了解厚膜技术中的浆料组成
- 了解常用的厚膜材料
- 了解薄膜技术的基本工艺
- 了解常用的薄膜材料

　　厚膜（Thick Film）技术与薄膜（Thin Film）技术是电子封装中重要的工艺技术。厚膜技术使用丝网印刷与烧结的方法，薄膜技术使用镀膜、光刻与刻蚀等方法，它们均用于制作电阻、电容等无源元件。该技术也可以在基板上制成布线导体以连接各种电路元器件，而形成所谓的混合集成电路电子封装。氧化铝、玻璃陶瓷、氮化铝、氧化铍、碳化硅、石英等均可以作为这两种技术的基板材料，而薄膜技术主要使用硅与砷化镓晶圆片作为基板材料。

4.1　厚膜技术

　　厚膜混合电路是指用丝网印刷技术把导体浆料、电阻浆料和绝缘材料浆料转移到一个陶瓷基板上制造的电路。印刷的膜经过烘干以去除挥发性的成分，然后在较高的温度下烧结，完成膜与基板的粘贴。用这种方法制作出多层的结构，就可以制成包含集成电阻、电容或电感的多层互连结构。

　　所有的厚膜浆料通常都有两个共性：①具有非牛顿流变能力，适用于丝网印刷；②由两种不同的多组分相组成，一个是功能相，提供最终膜的电学和力学性能，另一个是载体相（黏着剂），提供合适的流变能力。

　　可以把厚膜浆料按照材料区分为聚合物厚膜、难熔材料厚膜和金属陶瓷厚膜。难熔材料厚膜是一种特殊类型的金属陶瓷厚膜，这些材料需要在比传统的金属陶瓷材料更高的温度下烧结，也是在还原气氛中烧结的。聚合物厚膜是包含带有导体、电阻或绝缘颗粒的聚合物材料的混合物，它们在85～300℃温度区间固化，聚合物导体主要是银和碳，而碳是最常用的电阻材料，聚合物厚膜材料常用在有机基板材料上，而不是陶瓷基板上。烧结态的金属陶瓷厚膜材料是微晶玻璃（玻璃陶瓷）与金属的混合物，通常在850～1000℃烧结，传统的金属陶瓷厚膜浆料主要有4种成分：有效物质（确定膜的功能）、粘贴成分（提供与基板的粘贴及使有效物质颗粒保持悬浮状态的基体)、有机黏着剂(提供丝网印刷的合适流动性)和溶剂或稀释剂(决定黏度)。

4.1.1　厚膜工艺流程

生产厚膜电路的基本工艺流程是丝网印刷、厚膜浆料的干燥和烧结。丝网印刷工艺是将浆料涂布在基板上,干燥工艺的作用是在烧结前从浆料中去除挥发性的溶剂,烧结工艺是使粘贴剂发挥作用将印刷图形粘贴在基板上。

1. 丝网印刷

厚膜浆料通过不锈钢网的网孔印刷涂布到基板上。在设计过程中,产生每层对应的原图,这些原图用来使涂有感光材料的丝网曝光,产生图形。没有被掩膜暗区保护的感光胶受到紫外光的作用而发生交联硬化,受到保护的部分可以用水溶液直接冲洗掉,留下与掩膜暗区对应的感光胶的开口图形区。商品化的丝网印刷机设计成丝网贴近并且平行于基板,使用刮板施加力使浆料通过开口图形区域转移到基板上。丝网印刷基本工艺步骤如下:①将丝网固定在丝网印刷机上。②基板放置在丝网下面。③将浆料涂布在丝网上面,通过刮板将浆料转移到基板上。

刮板在丝网表面运动,迫使浆料通过开口图形区域转移到基板上。利用这种方式可以用浆料印刷出非常精密的几何图形,构成复杂的互连图形。

目前,在混合微电子工业中,主要的丝网材料是不锈钢,使用不锈钢比尼龙更容易控制,图形更精确,而且耐磨耐拉伸,原始的手工印刷参数可以补偿浆料特性的变化。在制造厚膜混合电路时使用的所有工艺中,丝网印刷的工艺最难控制,因为工艺过程涉及大量的参数,很难预测出浆料的全部参数并把它们转成适宜的印刷机设置以得到满意的结果。很多参数并不处在工艺师的直接控制之下,它会随着丝网印刷的不断变化而发生改变。

丝网印刷有两种方法:接触工艺和非接触工艺。接触工艺过程中丝网与基板保持接触,然后通过降下基板或提升丝网使两者迅速分开。在非接触工艺过程中,丝网与基板分开一个很小的距离,用刮板施加力去刮丝网时,浆料留在基板上而丝网会很快恢复原状。通过非接触工艺可以获得最佳的线条清晰度,大多数厚膜浆料的印刷就是用这种方法实现的。

2. 厚膜浆料的干燥

浆料的黏着剂主要有两种有机成分:可挥发组分和不可挥发组分。在印刷以后,厚膜材料是悬浮在黏稠的黏合剂中的一些离散的玻璃或金属的颗粒,并且具有黏性和易碎性。挥发的组分必须在烧结前就在低温下去除,挥发的溶剂在温度超过100℃时就会迅速蒸发,并可使暴露在高温下的烧结膜产生严重孔洞。

在印刷后,零件通常要在空气中"流平"一段时间(通常5～15min)。流平的过程使丝网筛孔的痕迹消失,某些易挥发的溶剂在室温下缓慢挥发。流平工艺对烧结成膜的精度影响很大,由于浆料的触变性使得它在印刷过程中黏度降低很多,印刷以后,黏度是相当低的,需要一定时间使得它在干燥前恢复到较高的黏度。如果在印刷后就立刻把膜暴露在高温中,黏度将降低更多，浆料就会在基板表面铺展开来，使印刷膜的边缘清晰度受到破坏。

流平后，零件要在 70～150℃的温度范围内强制干燥大约 15min。干燥通常是在低温的链式烘干炉中进行的。对于小规模的生产或实验室研究而言，干燥可以在间歇式的强制空气干燥炉中或把基板放在一块热板上进行。在生产环境中有一个把溶剂蒸发排除的抽风系统是非常重要的。

在干燥中需要注意两点：气氛的纯洁度和干燥的速率。干燥必须在洁净室（<100000级）内进行，防止灰尘和纤维屑落在烘干的膜上。在烧结过程中，这些颗粒将烧掉，在膜里留下孔洞，在干燥过程中必须控制升温速率，防止由于溶剂的迅速挥发导致膜的开裂。

干燥过程可以将浆料中的大部分挥发性物质去除。在干燥阶段，大约有 90% 的溶剂和黏着剂被除去。这些溶剂可以是松油脂、丁醇、高醇（如正葵醇和辛醇等）、二甲苯等。这些溶剂有潜在的毒性，所以干燥必须在通风罩或其他抽风装置中进行。由于每种浆料系统都有自己的溶剂、黏着剂和润湿剂，浆料制造商都会为其材料推荐合适的干燥方案。

3. 厚膜浆料的烧结

厚膜的烧结炉必须具备以下几点要求：①清洁的烧结环境。②一个均匀可控的温度工作曲线。③均匀可控的环境气氛。

为了提供清洁的环境和可控的气氛，所有的厚膜烧结炉都设有密封炉管，可以使用金属炉管和石英炉管，只要设计合理，两者都能给出满意的结果。因为制造大截面积的密封用石英炉管过于昂贵，对于大规模生产用的炉子和多种气氛的炉子都必须使用金属的炉管，通常为 Inconel（Inconel 为 Inco 公司的一种铬镍铁耐热合金的注册产品名称）。所设计的厚膜烧结炉是在 1000℃以下工作的，电阻加热炉使用缠绕的镍铬合金加热体。

在某些设计里，传统的耐火砖绝热材料已被轻质泡沫绝热材料代替，后者与前者相比有很多优点，它们不会像耐火砖那样吸附水分，在不使用时可以将炉子关掉。而砖砌的炉子不能这样做，因为蒸发的气体会对砖造成破坏。对于砖砌的炉子，即使不用也只能把炉子"压火"到较低的温度，但不能切断电源。

轻质绝热材料本质上具有较低的比热容，因而能够比耐火砖更迅速地响应温度的变化。事实上，可以使它和加热元器件成为一体，这样用一个炉子就能实现两个或更多的工作曲线。老式的炉子从 850℃稳定到 600℃需要花费 12h 以上，而用泡沫或纤维材料制造的炉子只需要 1～2h。

4.1.2　厚膜浆料的组成

厚膜浆料由有效物质、粘贴成分、有机黏结剂、溶剂或稀释剂组成。有效物质直接决定了厚膜的作用与功能，粘贴成分与有机黏着剂用于改变厚膜浆料的流体特性，溶剂为有效物质的载体。

1. 有效物质

浆料中的有效物质决定了烧结膜的电性能，如果有效物质是一种金属，则烧结膜是一种导体；如果有效物质是一种绝缘材料，则烧结膜是一种介电体。有效物质通常制成粉末形状，其颗粒尺寸为 $1\sim10\,\mu m$，平均颗粒直径约 $5\,\mu m$。颗粒的形貌可以是各种各样的，主要取决于生产金属颗粒的方法。用粉末制造工艺可以得到球状的、鳞片状的、圆片状的（非晶态和晶态两种）颗粒。结构形状和颗粒的形貌对达到所需要的电性能是非常关键的，必须严格控制颗粒的形状、尺寸和分布以保证烧结膜性能的一致性。

2. 粘贴成分

粘贴成分主要有两类物质用于厚膜与基板的粘贴：玻璃和金属氧化物。它们可以单独使用或者一起使用。第一类材料是使用玻璃或釉料的膜称为烧结玻璃材料，它们具有较低的熔点（$500\sim600\,℃$）。烧结玻璃材料涉及两种粘贴机理：化学反应和物理反应。关于化学反应机理，熔融的玻璃与基板里的玻璃存在某种程度的化学反应；关于物理反应机理，玻璃流入到基板不规则的表面及其周围，流入孔和孔洞并黏附在陶瓷小的突出部位。总的粘贴结果是这两种因素的叠加，物理键合比化学键合在承受热循环或热储存时更易退化，通常在应力作用下首先发生断裂。玻璃也为有效物质提供颗粒和基体，使它们彼此保持接触，这有利于烧结并为膜的一端到另一端提供了一连串的三维连续通路。主要的厚膜玻璃基于 B_2O_3-SiO_2 网状结构，并添加 PbO、Al_2O_3、ZnO、BaO 和 CdO 等改性剂以辅助改变膜的物理性能，如熔点、黏度和热膨胀系数等。B_2O_3 对有效物质和基板也有优良的润湿功能，常用做助熔剂。玻璃能以预反应颗粒的形式加入，也可以以玻璃形成体的形式加入。烧结玻璃导体材料往往在表面上有玻璃存在，使得后续元器件的组装工艺更为困难。

第二类材料是利用金属氧化物提供厚膜与基板的粘贴。在这种情况下，一种纯金属如 Cu、Cd 等与浆料混合，它们在基板表面与氧气反应形成氧化物。导体与氧化物粘贴并通过烧结而结合在一起。在烧结过程中氧化物与基板表面上断开的氧键反应形成了 Cu 或 Cd 的尖晶石结构。与玻璃料相比，这一类浆料改善了黏结性，称之为非玻璃材料、氧化物键合或分子键合材料。

第三种材料利用反应的氧化物和玻璃提供厚膜与基板的粘贴。在这种材料中，氧化物一般为 ZnO 或 CaO，在低温下发生反应，但是不如 Cu 那样强烈，再加入比在玻璃中浓度要低的玻璃以增加附着力。这类材料称之为混合粘贴系统，结合了前两种材料的优点并可在较低的温度下烧结。

3. 有机黏结剂

有机黏结剂通常是一种触变的流体，主要有两个作用：一是可以使有效物质和粘贴成分保持悬浮态直到膜烧成；二是赋予浆料良好的流动特性以进行丝网印刷。有机黏结剂通常称之为不挥发有机物，因为它不蒸发，但是在大约 $350\,℃$ 时开始烧尽。有机黏结剂在烧结过程中必须完全氧化，而不能有任何污染膜的残留碳存在。用于这种目的的典型材料是乙基纤维素和各种丙烯酸树脂。

对氮气中烧成的膜，烧结的气氛只含有百万分之几的氧，有机载体必须发生分解和热解聚，在作为烧结气氛的氮保护气氛中，以高度挥发的有机蒸气的形式离开。由于铜膜的氧化，这些有机载体不易氧化成 CO_2 或 H_2O。

4. 溶剂或稀释剂

自然形态的有机黏结剂太黏稠不能进行丝网印刷，需要使用溶剂或稀释剂。稀释剂比有机黏结剂更容易挥发，在大约 100℃ 以上就会迅速蒸发。用于这种目的的典型材料是萜品醇、丁醇和某些络合的乙醇，只有难挥发的稀释剂才能够溶解在有机黏结剂中。因此，在室温下希望有较低的蒸气压以减少浆料的干燥，维持印刷过程中的恒定黏度。此外，加入改变浆料触变性能的增塑剂、活化剂和一些试剂到溶剂中可以改善浆料的特性和印刷性能。

4.1.3　厚膜材料

厚膜材料主要包括：厚膜导体材料、厚膜电阻材料、厚膜介质材料、釉面材料和厚膜基板等。

1. 厚膜导体材料

厚膜导体在混合电路中必须实现以下各种功能：①在电路节点之间提供导电布线；②提供元器件与膜布线及与更高一级组装的互连；③必须提供连接区域以连接厚膜电阻；④必须提供多层电路导体层之间的连接。

厚膜导体材料有三种基本类型：可空气烧结的材料、可氮气烧结的材料和必须在还原气体中烧结的材料。可在空气中烧结的材料是由不容易形成氧化物的贵金属制成的，主要的金属是金和银，它们可以是纯态的，也可与钯或与铂存在于合金形式。氮气中烧结的材料包括铜、镍、铝，其中常用的是铜。难熔材料铝、锰和钨应该在由氮气、氢气混合的还原性气氛中烧结。

(1) 金导体　金在厚膜电路中有着不同的需要，最常用于高可靠性的场合，如军事和医疗，或为速度快而需要金丝键合的区域。使用金厚膜的组装工艺必须考虑可靠性是否需要维持在高水平，因为金很容易与其他金属合金化，例如，金很容易与锡合金化并熔入含锡的焊料合金里，金与在半导体元器件中常用作连接材料和键合引线的铝也会形成金属间化合物。

(2) 银导体　银的价格比金低。与金一样，银也会熔入到含锡焊料中，尽管熔入的速度较慢。

在两个导体之间施加电位时，如果有液态的水存在，银也有迁移的倾向。带正电荷的银离子从电位较高的导体溶解到水中，两个导体之间的电场使银离子向电位较低的导体运动，在那里与自由电子结合，以金属银的形式从水中沉淀到基板上。随着时间的增加，在两个导体之间将会生长出一层连续的银膜，形成导电通路。其他的金属在合适的条件下也会发生迁移，由于银的离子化电位较高，银的迁移问题比较严重。

利用钯或铂与银合金化可以使银的熔入速率和迁移速率下降，使这些合金用于软钎焊。

(3) 铜导体　铜基厚膜最初是作为金的替代物来开发的，但在目前，在需要可焊性、耐熔入性和低电阻时铜是优选对象。低电阻率使得铜导体印制线能够承载较高的电流，且电压降较小。可焊性使功率元器件直接焊接到金属化层上而使传热性更好。

2. 厚膜电阻材料

把金属氧化物颗粒与玻璃颗粒混合，在足够的温度和时间下进行烧结，以使玻璃熔化并把氧化物颗粒烧结在一起。所得到的结构是具有一系列三维的金属氧化物颗粒的链，嵌入在玻璃基体中。金属氧化物与玻璃的比例越高，烧成的膜的电阻率越低，反之亦然。

厚膜电阻的印刷与烧结工艺是极为关键的，温度和该温度下的停留时间微小的变化都会引起电阻平均值和阻值分布的变化。

厚膜电阻对烧结气氛非常敏感，对使用空气烧结的系统，特别是炉内的烧结区要具有很强的氧化气氛。在中性或还原性气氛中烧结温度下含有活性物质的金属氧化物会还原成纯金属。在用于烧结厚膜电阻材料的烧结炉附近不能有任何的溶剂、卤化物或碳基的物质存在。

3. 厚膜介质材料

厚膜介质材料主要是以简单的交叠结构或复杂的多层结构用作导体间的绝缘体，可以在介质层留有小的开口区或通孔以便与相邻的导体层互连。在复杂的结构里，每层可能需要几百个通孔，以这种方式建立起复杂的互连结构。

厚膜介质材料必须是结晶的或可再结晶的。在烧结过程中，当它们处于液态时，混合在一起形成一种熔点比烧结温度更高的均匀组分，因此在以后的烧结中它们以固态形式存在，这样就会为随后各层烧结提供一个稳定的基础。

厚膜介质材料有两个矛盾的要求，一方面，它们要形成连续的膜以消除导体层之间的短路；另一方面，它们必须包含一定数量的开口区（尺寸小于 0.25mm）。

厚膜介质材料的膨胀系数（TCE）必须尽可能地接近基板材料以免加工几层之后基板过分弯曲或翘曲。弯曲带来的应力能够引起介质材料的开裂，特别是在密封的情况下。

具有较高介电常数的介质材料也可以用于制作厚膜电容器。它们比一般的片式电容器具有更高的损耗角正切，并占用大量的空间。

4. 釉面材料

介质釉面材料是可以在较低温度（通常在 550℃附近）下烧结的非晶玻璃。它们可以对电路提供机械保护，避免污染和水在导体之间形成桥连，阻挡焊料散布，改善厚膜电阻调阻后的稳定性。

贵金属金和银等是软的，延展性很好，但是当它们受到摩擦或尖锐的物体刮擦时，很可能导致导体之间的金属桥接短路，涂覆釉面材料可以减少损伤，也可以对基板起到保护作用。

釉面材料也有助于限制实际接触陶瓷表面的污染物的数量，同时有助于防止导体之间形成水膜，这样就可以减少两个导体之间的金属迁移。

釉面材料涂敷在基板表面，可以防止焊料润湿其他非电路区域，也可以防止焊料流到焊盘以外的区域，使得焊料的量保持一致，此外，釉面材料也可以防止导体之间焊料的桥连。

5. 厚膜基板

厚膜基板主要有陶瓷基板、金属基板和树脂基板。其中比较常用的是陶瓷基板。陶瓷基板主要包括以下几种：氧化铝陶瓷基板、氧化铍陶瓷基板、特种陶瓷基板（包括高介电系数的钛酸盐、锆酸盐和具有铁磁性的铁氧体陶瓷等，主要作传感器和磁阻电路用）、氮化铝基板和碳化硅陶瓷基板。

氧化铝陶瓷基板是目前比较常用的基板。它的主要成分是 Al_2O_3，基板中 Al_2O_3 的含量通常为 $92\%\sim99.9\%$，Al_2O_3 的含量越高基板的性能越好，但与厚膜的附着力越差，因此一般采用含有 $94\%\sim96\%$ 的 Al_2O_3 的陶瓷。这种氧化铝陶瓷板要在 $1700℃$ 以上高温下烧成，因而成本比较高。所以国内外也有采用 85% 和 75% Al_2O_3 陶瓷的，虽然它们的性能稍差些，但成本低，在一般的电路生产中可采用。

4.2 薄膜技术

与厚膜技术不同，薄膜技术是一种减法，整个基板用几种金属化层淀积，再采用一系列的光刻工艺把不需要的材料刻蚀掉。与厚膜工艺相比，使用光刻工艺形成的图形具有更窄、边缘更清晰的线条。

典型的薄膜电路是由淀积在一个基板上的三层材料组成的。底层有两个功能：①作为电阻材料使用；②提供了与基板的粘贴。中间层通过改善导体的粘贴性或是通过防止电阻材料扩散到导体中而起着电阻层与导体层之间界面的作用。顶层起着导电层的作用。

4.2.1 薄膜制备工艺

薄膜可以通过真空淀积技术或通过电镀淀积技术制成。常用的真空淀积技术主要包括溅射和蒸发。

1. 溅射

溅射是薄膜淀积到基板上的主要方法。溅射是利用带有电荷的离子在电场中加速后具有一定动能的特点，将离子引向欲被溅射的靶电极。在离子能量合适的情况下，入射的离子将在与靶表面的原子的碰撞过程中使后者溅射出来。这些被溅射出来的原子将带有一定的动能，并且会沿着一定的方向射向衬底，从而实现在衬底上薄膜的沉积。

在一般的三级真空溅射中，在一个大约 $10Pa$ 压力的局部真空里通过气体放电形成一个导电的等离子区域，基板和靶材置于等离子区域中，基板接地，而靶材具有很高的电位，高电位把等离子区域中的气体离子吸引到靶材上，具有足够动能的这些离子与靶材碰撞，撞击出的具有足够残余动能的粒子运动到基板位置并黏附在基板上。溅射设备的示意图如图 4-1 所示。

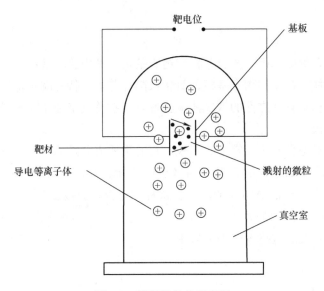

图 4-1 溅射设备的示意图

膜与基板附着的机理是在界面处形成一层氧化物层，所以底层必须是一种容易氧化的材料。可以在靶材施加电位前用氩离子随机轰击基板表面进行预溅射的方法来增强黏附力。

在氩气中加入少量的其他气体，如氧气和氮气等，可以在基板上形成某些靶材的氧化物或氮化物，这种技术称为反应溅射法，可以用来形成氮化钽，这是一种常用的电阻材料。

2. 蒸发

当材料蒸气压超过周围压力时，材料就会蒸发到周围环境里，这种现象即使在液态下也可能发生。在薄膜工艺中，待蒸发的材料被置于基板的附近加热，直到材料的蒸气压大大地超过周围环境气压为止。蒸发设备的示意图如图 4-2 所示。

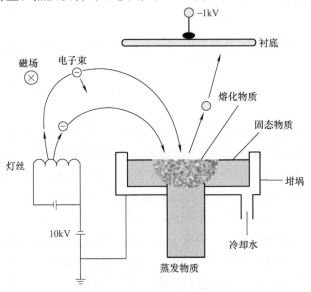

图 4-2 蒸发设备的示意图

蒸发的速率正比于材料的蒸气气压与周围环境气压的差值，并与材料的温度密切相关。

蒸发必须在真空环境下进行，主要是因为：①可以降低产生可接受蒸发速率所需的蒸气压力，因此降低了蒸发材料所需要的温度；②可以通过减少蒸发室内气体分子引起的散射，增加所蒸发的原子平均自由程度，而且蒸发原子能够更多地以直线的形式运动，改善了淀积的均匀性；③可以去除气氛中容易与被蒸发的膜发生反应的污染物与组分，例如氧和氮。

难熔金属常常作为蒸发过程中盛放其他金属的载体，或称为舟，例如钨、钛和钼等。为了防止与待蒸发的金属发生反应，可以在舟的表面涂覆氧化铝或其他陶瓷材料。

在考虑基板与蒸发源之间的距离时，应在淀积均匀性与淀积速率之间权衡。如果蒸发源与基板过近（或过远），那么淀积就越厚（或越薄），则在基板表面的淀积均匀性就越差（或越好）。

一般来说，蒸发粒子的动能要比溅射粒子的小很多，为了促进氧化物粘贴界面的生长，需要把基板加热到大约 300℃，可以通过加装直接加热的基板平台或辐射的红外线加热来完成。最常用的蒸发技术是电阻加热或电子束加热。

通过电阻加热的方法进行蒸发，通常是在难熔金属制成的舟或用电阻丝缠绕的陶瓷坩埚中进行的，或把蒸发材料涂覆在电热丝上进行。

电子束蒸发法有很多优点，通过电场加速的电子流在进入磁场后转向并做弧线运动，利用这种现象可以把高能电子流直接作用在蒸发物质上，当它们轰击到蒸发材料时，电子的动能转变为热能。电子能量的参数是容易测量和控制的，所以电子束蒸发更容易控制。此外，热能将更集中和强烈，使得在较高温度下的蒸发成为可能，也减轻了蒸发材料与舟之间的反应。

3. 电镀

电镀是把基板和阳极悬挂在含有待镀物质的导电溶液里，通过在两者之间施加电位实现的。电镀的速率是电位和溶液浓度的函数，用这种方法可以把大多数金属镀在导电体的表面。

在薄膜技术中，常用的方法是溅射只有几个埃厚的金属，再通过电镀使膜增厚，这是非常经济的方法，所使用的靶材也很少。

4.2.2　薄膜材料

薄膜材料主要有薄膜电阻材料、导体材料、介质材料和薄膜基板等。

1. 导体材料

导体材料主要是用于形成电路图形，为电阻、电容、半导体器件、半导体芯片等电路搭载部件提供电极以及电学连接。

由于金很容易实现引线键合和芯片键合，耐变色和耐腐蚀能力都很好，因此在薄膜混合电路生产中金是最常用的导体材料。

2. 薄膜电阻材料

薄膜电阻主要用于形成电路中的各种电阻或电阻网路。

用于薄膜电阻的材料应能提供与基板的粘贴能力，这就限制了只能选择可以形成氧化物的材料。电阻膜最初是在基板上以一个分立点的形式形成的，这些点位于基板的缺陷或其他不规则区域附近，这些点进一步扩展成岛，然后连接形成连续的膜，岛的周边区域成为晶界，是电子碰撞的源。存在的晶界越多，电阻温度系数（TCR）就越负，与厚膜电阻不同，晶界并不引起噪声。激光调阻在这种没有玻璃的结构里也不会造成微裂纹。因此薄膜电阻具有比厚膜电阻更好的稳定性、噪声和 TCR 特性。

最常用的薄膜电阻材料是镍铬耐热合金（NiCr）、氮化钽（TaN）和二氧化铬。

3. 介质材料

介质材料主要用于形成电容器膜、实现绝缘与表面钝化的作用。

当金直接淀积在 NiCr 合金上时，Cr 具有一种通过金扩散到表面的倾向，既影响引线键合，又影响芯片的共晶键合。因此当金用作导体材料时，金与电阻之间需要一层绝缘介质材料。在 NiCr 上淀积一层薄薄的纯镍可以减轻这个问题，同时，镍还可以显著改善表面的可焊性。

金与 TaN 的黏着性非常差，为了提供必要的黏着性，可以在金与 TaN 之间加入一层薄薄的 90Ti10W 合金。

4. 薄膜基板

最好的薄膜基板是高纯氧化铝，即蓝宝石。薄膜基板必须具有比厚膜基板更平整的表面，烧结后的基板要优于抛光的基板，因为在抛光的过程中往往带来表面的不平整等问题。

4.3　厚膜工艺与薄膜工艺的比较

尽管与厚膜相比，薄膜工艺提供了更好的线条清晰度、更细的线宽和更好的电阻性能，但薄膜技术仍然存在很多的制约因素：①薄膜工艺的成本高，因为增加了相关的工艺步骤，只有在单块基板上制造大量的薄膜电路时价格才有竞争力；②多层结构的制造极为困难，尽管可以使用多次的淀积和刻蚀工艺，但这是一种成本很高、劳动密集的工艺，因而只能在有限的范围内使用；③在大多数情况下，设计者受限于单一的方块电阻率，这需要较大的面积去制造高阻值和低阻值的两种电阻。

比较常用的做法是在厚膜基板的性能或空间有限的区域利用薄膜工艺制作薄膜电路。

厚膜工艺与薄膜工艺的综合比对如表 4-1 所示。

表 4-1　厚膜工艺与薄膜工艺的综合比对

	薄　　膜	厚　　膜
厚度	5～2400nm	2400～24000nm
工艺	间接工艺：淀积、光刻	直接工艺：丝网印刷、干燥和烧结
危险性	与危险化学品、刻蚀剂等接触	无须使用化学刻蚀或镀液
贵金属处理	从刻蚀液中回收贵金属	无须回收贵金属
层数限制	多层制备困难，一般是单层	低成本的多层工艺
材料选择	只限于低方块电阻的材料	使用几种不同方块电阻率的材料
电阻特性	电阻对化学腐蚀敏感	能承受苛刻环境和高温的稳定电阻
TCR 电阻	低 TCR 电阻	高 TCR 电阻
线条分辨力	线条分辨力为 2.5～25μm	线条分辨力为 125～250μm
设备投资	初始设备投资高	初始设备投资低
清晰度	更精细的线条清晰度，适合 RF 应用	线条清晰度不好，不适于 RF 应用
引线键合材料	引线键合性好，材质均匀	引线键合受杂质影响，材质不均匀

小　　结

　　本章主要讲述了集成电路中的厚膜技术和薄膜技术。厚膜技术部分主要讲述了厚膜技术制造的基本工艺流程、厚膜浆料的基本组成和常用的厚膜材料；薄膜技术部分主要讲述了薄膜的常用制备工艺技术和常用的薄膜材料；最后对厚膜工艺和薄膜工艺进行了简单的比对，以了解厚膜工艺和薄膜工艺的优缺点及应用范围。

习　　题

4.1　简述厚膜技术的工艺流程。

4.2　简述厚膜浆料的基本组成。

4.3　简述常用的厚膜材料。

4.4　简述薄膜技术的常用制备工艺技术。

4.5　简述常用的薄膜材料。

4.6　简述厚膜工艺和薄膜工艺的优缺点。

第 5 章　器件级封装

教学目标：
- 了解器件级封装的基本工艺流程
- 了解器件级封装的基本功能
- 了解金属封装的主要特点和工艺流程
- 了解金属封装的材料
- 掌握塑料封装的工艺
- 了解常用的塑料封装类型
- 了解塑料封装的可靠性试验
- 了解陶瓷封装的工艺流程和基本类型
- 掌握常见的典型器件级封装技术（QFP、BGA、CSP、WLP 和 MCM）

5.1　概述

5.1.1　基本概念

　　器件级封装也称单芯片封装，是对单个的电路或元器件芯片进行包封，以提供芯片必要的电气连接、机械支撑、热管理、隔离有害环境以及满足后续的应用接口条件。对两个或两个以上的芯片进行封装称为多芯片封装或多芯片模件。

　　常见器件级封装工艺流程如图 5-1 所示，包括切片、贴片、键合、塑封、打标、植球、成品切割和包装发货等。

5.1.2　基本功能

　　器件级封装是微系统封装技术中十分重要的环节，是芯片正常运行、实现芯片与应用系统沟通的保证。器件级封装的种类繁多，一般都应该具备以下 7 个方面的基本功能：

　　1）可靠的电信号 I/O 传输，提供电源、地、工作电压等稳定可靠的供电保障。

　　2）满足模件构建和系统封装对器件提出的各项要求，使其在二级封装后发挥有效的信号传输和供电保障作用。

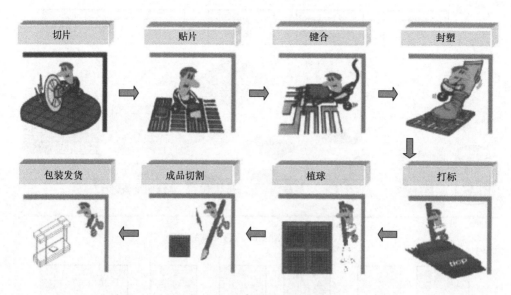

图 5-1　常见器件级封装工艺流程

3) 通过插装、SMT 等适当的互连方案，使器件在下一级封装时被实装到基板上，并正常工作。

4) 有效的散热功能，将被封装器件工作时产生的热传递出去。

5) 有效的机械支撑和隔离保护，避免振动、夹装等机械外力和水汽、有害气体等环境因素对器件的破坏。

6) 提供物理空间的过渡，使得精细的芯片可以应用到各种不同尺度的基板上。

7) 在满足系统需求达到设计性能的同时，尽可能提供低成本封装方案。

据此，在封装材料选取时，希望具有良好的电性能，如较低的介电常数、优秀的热导性能和密封性能。

5.1.3　发展历史

电子器件的封装发展史如图 5-2 所示。

1947 年世界发明了第一只半导体晶体管，同时电子封装的历史也就开始了。

20 世纪 50 年代以三根电极引线的 TO 型外壳为主，采用金属玻璃封装工艺。同时陶瓷流延工艺发明，奠定了多层陶瓷工艺的发展基础。1958 年，第一块集成电路问世，多引线外壳发展受到重视，仍以金属-玻璃封装为主。随着集成电路从小规模向中规模和大规模方向发展，集成度越来越高，要求封装的引线数越来越多，促进了多层陶瓷的发展。

20 世纪 60 年代出现双列直插封装（DIP）陶瓷外壳，即 CDIP。由于具有电性能和热性能好、可靠性高的特点，CDIP 备受集成电路厂家的青睐，发展很快，70 年代成为系列主导产品。随后又开发出塑料 DIP，即 PDIP，这种外壳成本低，便于大量生产，目前仍在低端产品市场大量使用。DIP 封装的引脚数一般小于 84 个，引脚节距为 2.54mm。

20 世纪 70 年代，伴随着 SMT 的迅猛发展，开发了一系列用于 SMT 的电子封装产品，

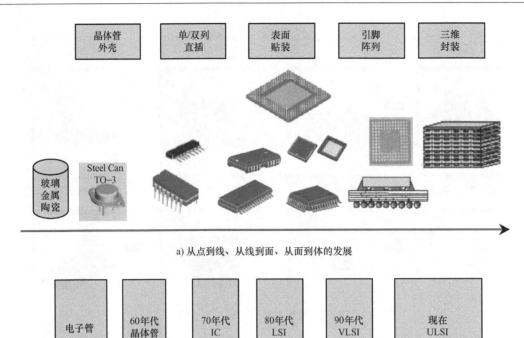

a) 从点到线、从线到面、从面到体的发展

b) 年代发展进程

图 5-2　电子器件封装发展史

如无引线陶瓷片式载体、塑料有引线片式载体和四边引线扁平封装，于 80 年代初形成商业化生产。由于密度高、引线节距小、成本低和适于表面安装，四边引线塑料扁平封装成了 80 年代的主导产品。

20 世纪 90 年代，集成电路发展到超大规模阶段，要求电子封装的引脚数越来越多、引脚节距越来越小。电子封装从四边引线型向平面阵列型发展，随后出现了球栅阵列封装，该封装目前正处于爆炸发展阶段。

21 世纪以来，各种封装体积更小的 CSP 成为研究开发的重点。同时，封装正向三维叠装、SiP、SoP 等高密度、高性能的方向发展。

不同的封装方式对应不同的芯片，并需满足组装、更高层次封装、贴装的特定要求。按照不同的封装材料，可以分为金属封装、塑料封装和陶瓷封装三类。

5.2　金属封装

5.2.1　金属封装的概念

金属封装是采用金属作为壳体或底座，芯片直接或通过基板安装在外壳或底座上的一种电子封装形式。金属封装的信号和电源引线大多采用玻璃-金属密封工艺或者金属陶瓷密封工艺。

金属封装具有良好的散热能力和电磁场屏蔽，因而常被用作高可靠性要求和定制的专用气密封装，主要应用于模件、电路和器件，包括多芯片微波模块和混合电路、分立元器件封装、专用集成电路封装、光电器件封装、特殊器件封装等。

5.2.2　金属封装的特点

金属封装精度高，尺寸严格；适合批量生产，相对价格低；性能优良，应用面广；可靠性高，可以得到大体积的空腔。

金属封装形式多样、加工灵活，可以和某些部件（如混合集成的 A-D 或 D-A 转换器）融为一体，既适合于低 I/O 数的单芯片和多芯片的封装，也适合于 MEMS、射频、微波、光电、声表面波和大功率器件，可以满足小批量、高可靠性的要求。此外，为解决封装的散热问题，各类封装也大多使用金属作为热沉和散热片。

5.2.3　金属封装的工艺流程

图 5-3 是典型的金属封装工艺流程。一般先分别制备金属封装盖板和金属封装壳体。壳体上要制作气密的电极以提供电源供电和电信号的输入输出，采用玻璃绝缘子的电极制作方案被广泛采用。制作好绝缘子电极并高温烧结到壳体上之后，将芯片减薄、划片后的功能芯片也采用前述的粘片、键合方法贴装在壳体并完成电连接，最后的工序是封盖。

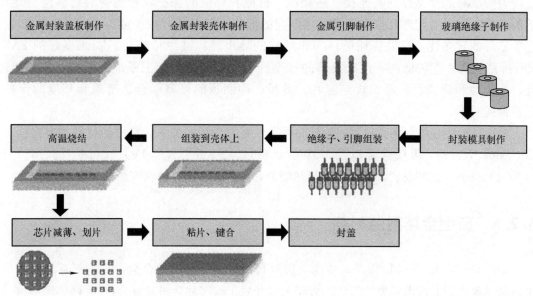

图 5-3　典型的金属封装工艺流程

金属封装需要特别注意的是在最后的装配前，需进行烘烤，将金属中的气泡或者湿气驱赶出来，这样与腐蚀相关的失效会大大减少。在装配过程中，温度不能始终维持高温，而是要按照一定的降温曲线配合各个阶段的工艺，减少后续工艺步骤对先前工艺的影响。

封盖工艺是金属封装中比较特殊的一道工艺。常见的封盖工艺有：平行封焊、储能焊、激光封焊和低温焊料焊接等。封盖过程要注意的是，封装盖板和壳体的封接面上不可以出现任何空隙或没有精确对准，因为这两个原因会引起器件的密封问题。此外，为减少水汽等有害气体成分，封盖工艺一般在氮气等干燥保护气氛下进行。

平行封焊是一种可靠性较高的封盖方式。盖板等平行封焊材料对封装中气密性以及气密性成品率有重要影响。高质量的平行封焊盖板必须具备以下特性：①热膨胀系数与底座焊环的相同、与瓷体的相近；②焊接熔点温度要尽可能低；③耐腐蚀性能优良；④尺寸误差小；⑤平整、光洁、毛刺小、粘污小。

目前用量最大的底座材料是氧化铝陶瓷和可伐合金，与陶瓷膨胀系数相匹配的金属焊环是可伐合金或4J42铁镍合金。

可伐合金的熔点为1460℃，为降低焊接熔点，可以在盖板上镀上镍磷合金，实现低至880℃的焊接温度。

Au-Sn是常用的键合焊料，特别是在有着相近的热膨胀系数的两种材料键合时会有很好的效果。如果将Au-Sn作为热膨胀系数失配很大的两种材料间的焊料，则会在多次热循环试验后出现疲劳失效。而且Au-Sn焊料是易碎的，通常只能承受很小的应力。

5.2.4　传统金属封装材料

为实现对芯片支撑、电连接、热耗散、机械和环境的保护，金属封装材料应满足以下的要求：①具有与芯片或陶瓷基板热匹配的低热膨胀系数，减少或避免热应力的产生；②非常好的导热性，提供热耗散；③非常好的导电性，减少传输延迟；④良好的EMI/RFI屏蔽能力；⑤较低的密度，足够的强度和硬度，良好的加工或成形性能；⑥可镀覆性、可焊性和耐蚀性，易实现与芯片、盖板、印制板的可靠结合、密封和环境的保护；⑦较低的成本。

金属材料的选择与金属封装的质量和可靠性有着直接的关系，常用的材料主要有：Al、Cu、Mo、W、钢、可伐合金以及CuW（10/90）、Silvar™（Ni-Fe）、CuMo（15/85）和CuW（15/85）。这些材料都有很好的导热能力，并且具有比硅材料高的热膨胀系数。

5.2.5　新型金属封装材料

除了Cu/W和Cu/Mo以外，传统金属材料都是单一金属或合金，它们都有某些不足，难以满足现代封装技术发展的需要。近年来新开发了很多种金属基复合材料（MMC），它们是以Mg、Al、Cu、Ti等金属或金属间化合物为基体，以颗粒、晶须、短纤维或连续纤维为增强体的一种复合材料。与传统金属封装材料相比，主要有以下优点：①可以通过改变增强体种类、体积分数、排列方式或改变基体合金，来改变材料的热物理性能，满足封装热耗散的要求，甚至简化封装的设计；②材料制造灵活，成本不断降低，特别是可直接成形，避免了昂贵的加工费用和加工造成的材料损耗；③特别研制的低密度、高性能金属基复合材料非常适用于航空航天。

用于微系统封装的热匹配复合材料主要是 Cu 基和 Al 基复合材料。

随着电子封装向高性能、低成本、低密度和集成化方向发展，对金属封装材料的要求越来越高，金属基复合材料将发挥着越来越重要的作用，因此，金属基复合材料的研究和使用将是今后的重点和热点之一。

5.2.6　金属封装案例

许多 MEMS 器件需要真空封装来保证其可动部件工作于良好的环境，具有优良密封性能的金属封装成为高性能 MEMS 真空封装的首选。

图 5-4 是用于 MEMS 的真空封装结构示意图，管帽和管座用可伐合金材料加工而成，在管座上用玻璃管和可伐丝烧结出电极引线，引线间的分布电容要足够小。管座与管帽间通过一个槽口内置入低温焊料，在真空系统内熔封而成。

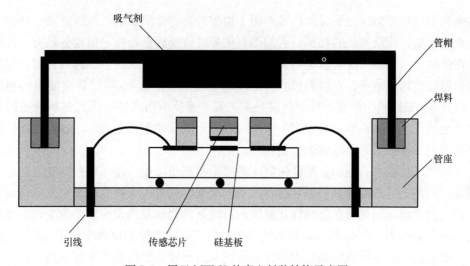

图 5-4　用于 MEMS 的真空封装结构示意图

低温封接工艺主要过程如下：首先在管座内定位好 MEMS 表头，键合好电连接引线，在管帽内定位好低温吸气剂；在管帽的封接槽内置入低温焊料；将管座和管帽相向放置在各自的定位架上，并移入真空室中；启动真空系统，使真空室内的真空度达到所需的真空度；根据低温吸气剂关于激活的技术要求加热管帽数分钟（温度一般为 400～450℃），激活吸气剂，同时熔化低温金属焊料；在 150～180℃，保温数小时，以使管帽、管座及其他零件彻底除气；将管座端面导入管帽密封槽；在真空状态下逐步降温，完成全部封装工艺。

5.3　塑料封装

5.3.1　塑料封装的概念与特点

塑料封装是指对半导体器件或电路芯片采用树脂等材料进行包封的一类封装，塑料封装一般被认为是非气密性封装。

塑料封装的主要特点是工艺简单、成本低廉、薄型化和便于自动化大批量生产等。塑料产品约占 IC 封装市场的 95%，并且可靠性不断提高，在 3GHz 以下的工程中大量使用。

塑料封装的成品可靠度虽然不如陶瓷封装，但随着数十年来材料与工艺技术的进步，这一缺点已获得相当大的改善，塑料封装在未来的电子封装中所扮演的角色越来越重要。

5.3.2　塑料封装的材料

热硬化型与热塑型高分子材料均可应用于塑胶封装的铸膜成形，酚醛树脂、硅胶等热硬化型塑胶为塑料封装最主要的材料，它们都有优异的铸膜成形特性，但也各具有某些影响封装可靠度的缺点。早期酚醛树脂材料有氯与钠离子残余、高吸水性、烘烤硬化时会释放出氨气而造成腐蚀破坏等缺点。双酚类树脂（DGEBA）为 20 世纪 60 年代普遍使用的塑料封装材料，DGEBA 的原料中的氯甲环氧丙烷是由丙烯与氯反应而成的，因此材料合成的过程中会不可避免的产生盐酸，早期 DGEBA 中残余氯离子浓度甚至可达 3%，封装元器件的损坏大多是因氯离子存在所导致的腐蚀而造成的。

由于材料纯化技术的进步，酚醛树脂中的残余氯离子浓度已经可以控制在百万分之几以下，因此它仍然是最普遍的塑料封装材料。双酚类树脂的另一个缺点是易引发所谓开窗式的破坏，产生的原因是当材料在玻璃转化温度附近时其热膨胀系数发生急剧的变化，双酚类树脂的玻璃转化温度为 100～120℃，而封装元器件的可靠度测试温度通常高于 125℃，因此在温度循环试验时，高温导致的热应力将金属导线从打线接垫处拉离而形成断路；温度降低时的应力回复使导线与接垫接触形成通路，电路的连接导线随温度变化严重影响了元器件的可靠性。

硅胶树脂的主要优点是无残余的氯离子、钠离子，具有低的玻璃转移温度，材质光滑，故铸膜成形时无须加入模具松脱剂。但光滑的材质使其与 IC 芯片和导线之间的黏着性不佳，从而衍生密封不良的问题，这在后续焊接的工艺中可能导致焊锡的渗透而形成短路；热膨胀系数差异造成的剪应力使胶材从 IC 芯片与引脚架上脱离而形成类似开窗式的破坏。

上述几种铸膜材料均不具有完整的理想特性，不能单独用于塑料封装的铸膜成形，因此塑料铸膜材料必须添加多种有机与无机材料，以使其具有最佳的性质。塑料封装的铸膜材料一般由酚醛树脂、加速剂、硬化剂、催化剂、耦合剂、无机填充剂、阻燃剂、模具松脱剂及黑色色素等成分组成。

酚醛树脂的优点包括高耐热变形特性、高交联密度产生的低吸水特性。甲酚醛为常用材料，其通常用酚类与甲醛在酸的环境中反应制成。环氧类酚醛树脂则可以与氯甲环氧丙烷、双酚类反应而成，在其制造过程中盐酸为不可避免的副产物，因此必须纯化去除。一般酚醛树脂约占所有铸膜材料重量的 25.5%～29.5%。

加速剂一般与硬化剂拌和使用，其功能为在铸膜热压过程中引发树脂的交联反应，并使其加速，加速剂含量将影响铸膜材料的胶凝硬化。

硬化剂一般是含有胺基、酚基、酸基、酸酐基或硫醇基的高分子树脂类材料。硬化剂的含量除了影响铸膜材料的黏滞性与化学反应性之外，也影响材料中主要键结的形成与交联反应完成的程度。使用最广泛的硬化剂为胺基与酸酐基类高分子材料。脂肪胺基类通常用于室温硬化型铸膜材料的拌和。芳香族胺基类则用于耐热与耐化学腐蚀需求的封装中。

无机填充剂通常为粉末状凝熔硅石，在较特殊的封装需求中，碳酸钙、硅酸钙、滑石、云母等也用作填充剂。填充剂的主要功能是强化铸膜材料的基底、降低热膨胀系数、提高热传导率及热震波阻抗性等；同时，无机填充剂比树脂类材料价格低，可以降低铸膜材料的制作成本。

一般填充剂占铸膜材料总重量的 68%～72%，但添加量有其上限，过量添加虽然可以降低铸膜树脂热膨胀系数，从而降低大面积芯片封装产生的应力，但也提高了铸膜材料的刚性及水渗透性。为了改善无机填充剂与树脂材料之间的黏着性，常添加硅甲烷环氧树脂或氨基硅甲烷作为耦合剂。

为了符合产品阻燃的安全标准，铸膜材料中通常添加溴化环氧树脂或氧化锑（Sb_2O_3）作为阻燃剂。在添加溴化有机物的时候需要注意，在高温时从塑封材料中释放出来的溴离子可能导致 IC 芯片与封装中金属部分的腐蚀。

模具松脱剂则常为少量的棕榈蜡或合成脂蜡，添加量不能多，以免影响引脚、导线等部分与铸膜材料之间的黏着性。

添加黑色色素是为了外壳颜色美观并统一标准，塑料封装外观通常以黑色作为标准色泽。

铸膜材料的制作通常采用自动填料的工艺将前述的各种原料依适当比例混合，先使环氧树脂与硬化剂产生部分反应，并将所有原料制成固体硬料，经研磨成粉粒后，再压制成铸膜工艺所需的块状。

5.3.3　塑料封装的工艺

塑料封装可以利用转移铸膜、轴向喷洒涂胶与反应射出成形等方法制成。

一般所说的塑料封装，若无特别的说明，都是指转移铸膜封装。其基本工艺过程如下所述：将已经完成芯片粘贴与打线键合的 IC 芯片与框架放置于可加热的铸孔中，利用铸膜机的挤制杆将预热软化的铸膜材料经闸口与流道压入模具腔体的铸孔中，经温度约 175℃、1～3min 的热处理使铸膜材料产生硬化成形反应。封装好的元器件自铸膜机中推出后，通常需要再施以 4～6h、175℃的热处理以使铸膜材料完全硬化。铸膜机的基本结构如图 5-5 所示。

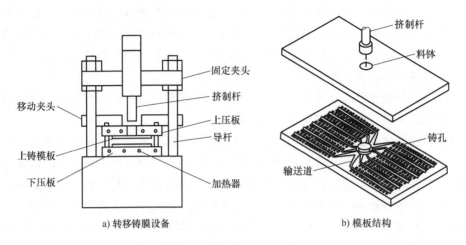

图 5-5　铸膜机的基本结构

铸膜机中模具的设计影响成品率与可靠度。模具可分为上、下两部分，结合的部分称为隔线，每一部分各有一组压印板与模板，压印板是与挤制杆相连的厚钢片，其功能为传送铸膜压力与热，底部的压印板和推出杆是在铸膜完成后推出元器件时使用的。模板为刻有元器件的铸孔、进料闸口与输送道的钢板，以供软化的树脂原料流入而完成铸膜，其表面通常有电镀的铬层或离子注入方法长成的氮化钛（TiN）层以增强其耐磨性，同时降低其与铸膜材料的黏结。模板上输送道的设计应使原料流至每一铸孔时有均匀的密度，闸口通常开在分割线以下的模板上，其位置在 IC 芯片与引脚平面之下以降低倒线（Wire Sweep）发生的概率，闸口对面通常又有泄气孔以防止填充不均的现象发生。

倒线的产生在于原料流入铸孔时，框架上、下部分的原料流动速度不同，使框架引脚产生一弯曲的应力，此弯曲使 IC 芯片与框架引脚间的金属连线处于拉力的状态，因此下拉导线而发生断路现象。倒线也产生于原料填充与密封阶段。在原料填充时，挤制杆施加压力的速度控制极为重要，速度慢使得原料在进入铸孔时成为烘烤完成的状态，硬化的材质将推倒电路连线；速度快将使原料流动的动量过大而导致导线弯曲。除了工艺的因素之外，导线的形状、长度、挠曲性和连接方向等因素也与倒线的发生有关。

轴向喷洒涂胶是利用喷嘴将树脂原料涂布于 IC 芯片表面的方法，与顺形涂封不同的是轴向喷洒所得到的树脂层厚度较大。在涂布过程中，IC 芯片必须加热至适当的温度以调节树脂原料的黏滞性。轴向喷洒涂胶的主要优点包括：①成品厚度较薄，可缩小封装的体积；②没有铸膜成形工艺中压力导致的破坏；③没有原料流动与铸孔填充过程中导致的破坏；④适用于以 TAB 连线的 IC 芯片的封装。其主要缺点包括：①成品易受水汽侵袭；②原料黏滞性的要求极为苛刻；③仅能做单面涂封，无法避免应力的产生；④工艺时间比较长。

反应射出成形的塑料封装是将所需的原料分别置于两组容器中搅拌，再输入铸孔中使其发生聚合反应完成涂封。其制作设备的示意图如图 5-6 所示。聚氨基甲酸酯为反应式射出成

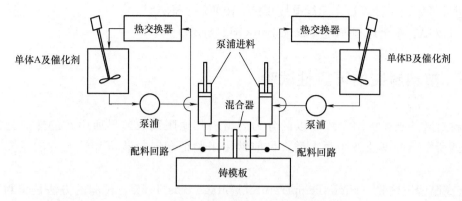

图 5-6　反应式射出成形封装设备示意图

形最常使用的高分子原料，环氧树脂、多元脂类、尼龙、聚二环戊二烯等材料也可以用于工艺中。反应式射出成形工艺的主要优点包括：①能源成本低；②低铸膜压力，能降低倒线发生的概率；③使用的原料一般有较佳的芯片表面润湿能力；④适用于以 TAB 连线的 IC 芯片封装；⑤可使用热固化型与热塑型材料进行铸膜。其主要缺点包括：①原料须均匀地进行搅拌；②目前没有标准化的树脂原料。

5.3.4　常见的塑料封装类型

从工程应用的角度，可以将塑料封装分为引脚插入型、表面贴装型和 TAB 型等几类。目前，集成电路常用的塑料封装有如下几种类型，其中典型的例子如图 5-7 所示。

a) PDIP　　　　　b) PLCC　　　　　c) PSOP　　　　　d) PQFP

图 5-7　典型的塑料封装

1）PDIP：塑料双列直插封装（Plastic Double In-line Package）。

2）PLCC：塑料无引线芯片载体（Plastic Leadless Chip Carrier）。

3）PSOP：塑料小尺寸封装（Plastic Small-outlined Package）。

4）PQFP：四边引脚扁平塑料封装（Plastic Quad Flat Packaging），该封装比较适合封装引线端子数目较多的芯片，塑封时模具温度为 150℃左右，引脚通常压制成翼形，适用于印刷板的表面安装形式。

5）PPGA：塑料针栅阵列（Plastic Pin Grid Array）。为了提高热传导性，PPGA 在器件的顶部可设置镀镍铜质散热器。

6）PBGA：塑料球栅阵列（Plastic Ball Grid Array）。1991 年有机树脂基板构成的 PB-

GA 问世并开始用于计算机、无线电接收机、ROM 和 SRAM 中。

7）TBGA：载带球栅阵列（Tape Ball Grid Array）。

5.3.5　塑料封装的可靠性试验

塑料封装的破坏机制大致可以区分为因材料热膨胀系数差异所引致的热应力破坏与湿气渗透所引致的腐蚀破坏两大类。目前常用来验证塑料封装可靠性的方法主要有以下三种。

1）高温偏压试验（High Temperature/Voltage Bias Test）。试验的方法是将封装元器件放置于 125～150℃ 的测试腔体中，并使其在最高的电压和电流负荷下操作，其目的是试验元器件与材料相互作用所导致的破坏。

2）温度循环试验（Temperature Cycle Test）。采用的试验条件有：①65～150℃循环变化，在最高与最低温各停留 1h；②55～200℃循环变化，在最高与最低温各停留 10min；③0～125℃，每小时三个循环变化。

温度循环试验可以测量应力对封装结构的影响，能测出的问题有连线接点分离、连线断裂、结合面裂隙与芯片表面的钝化保护层破坏等。

3）温度/湿度/偏压试验（Temperature/Humidity/Voltage Bias Test）。这种试验方法也称为 THB 试验，将 IC 芯片放置于 85℃/85％相对湿度的测试腔体中，并在元器件上加上交流信号。这种试验是所有试验中最严格的一种。

5.4　陶瓷封装

5.4.1　陶瓷封装概述

与金属封装一样，陶瓷封装也是一种气密性的密封封装形式，但价格低于金属封装。封装体通常采用的是 Al_2O_3、体膨胀系数为 $6.7\times10^{-6}K^{-1}$。陶瓷被用作集成电路封装材料，是因为它在热、电、机械特性等方面极为稳定，而且陶瓷材料的特性可以通过改变其化学成分和工艺的控制调整来实现。陶瓷不仅可以作为封盖材料，还可以作为各种微电子产品重要的承载基板。随着陶瓷流延技术的发展，陶瓷封装在外形、功能方面的灵活性有了较大的发展。如 IBM 的陶瓷基板技术已经达到 100 多层布线，可以将无源器件如电阻、电容、电感等都集成在陶瓷基板上，从而实现高密度封装。

陶瓷封装的优点主要有：①气密性好，封装体的可靠性高；②具有优良的电性能，可实现多信号、地和电源层结构，并具有对复杂的器件进行一体化封装的能力；③导热性能好，可降低封装体热管理体积限制和成本。但陶瓷材料并非完美无缺，它的主要缺点包括：①与塑料封装相比，陶瓷封装的工艺温度较高，成本较高；②工艺自动化与薄型化封装的能力逊于塑料封装；③陶瓷封装具有较高的脆性，容易引发应力破坏；④烧结装配时尺寸精度差、介电系数高，价格昂贵。

由于陶瓷封装性能卓越，在航空航天、军事及许多大型计算机方面都有广泛的应用，在高端封装市场的占有率逐年提高。

5.4.2　陶瓷封装的材料

陶瓷封装中最常用的材料是氧化铝，其他比较重要的陶瓷封装材料还有氮化铝、氧化铍、碳化硅、玻璃与玻璃陶瓷和蓝宝石等。

陶瓷封装工艺的首要步骤是准备浆料。浆料是无机与有机材料的组合。无机材料是一定比例的氧化铝粉末与玻璃粉末的混合，有机材料则包括高分子材料黏着剂、塑化剂与有机溶剂等。

无机材料中添加玻璃粉末的主要目的是调整纯氧化铝的热膨胀系数和介电系数等特性，降低烧结温度。纯氧化铝的热膨胀系数与导体材料的热膨胀系数有差异，如果用纯氧化铝则在烧结的过程中可能引起基材破裂，此外，纯氧化铝的烧结温度高达 1900℃，因此也需要添加玻璃材料以降低烧结温度并降低成本。

陶瓷基板又可以区分为高温共烧型与低温共烧型两种。在高温共烧型陶瓷基板中，无机材料通常是 9∶1 的氧化铝粉末与钙镁铝硅酸玻璃或硼硅酸玻璃粉末；在低温共烧型陶瓷基板中，无机材料则是 1∶3 的陶瓷粉末与玻璃粉末。

在有机材料中，黏着剂为具有高玻璃转移温度、高分子量、良好的脱脂烧化特性、易溶于挥发性有机溶剂的材料，主要的功能是提供陶瓷粉粒暂时性的黏结以利于生胚片的制作及厚膜导线网印成形的进行。高温共烧型陶瓷基板常使用的黏着剂为聚乙烯基丁缩醛（Polyvinyl Butyral，PVB）。低温共烧型基板工艺使用的黏着剂除了 PVB 外，还有聚丙酮低烷基丙烯酸酯的聚合物与甲基丙烯酸酯等。

塑化剂种类有油酸盐、磷酸盐、聚乙二醇醚、单甘油酯酸盐、矿油类、多元脂类等，塑化剂的功能是调整黏着剂的玻璃转移温度，并使生胚片具有挠曲性。

有机溶剂的功能包括在球磨过程中促成粉体的分离、挥发时在生胚片中形成微细的孔洞，后者的功能为当生胚片叠合时，提供导线周围的生胚片有被压缩变形的能力，这是生胚片工艺的重要特性之一。

5.4.3　陶瓷封装的工艺流程

将前述各种无机与有机材料混合后，经过一定时间的球磨即成为浆料，再以刮刀成形技术制成生胚片。经厚膜金属化、烧结等工艺后则成为基板材料，封盖后即可用于 IC 芯片的封装中。

以氧化铝为基材的陶瓷封装工艺流程如图 5-8 所示。

主要的工艺步骤包括生胚片的制作、冲片、导孔成形、厚膜导线成形、叠压、烧结、表

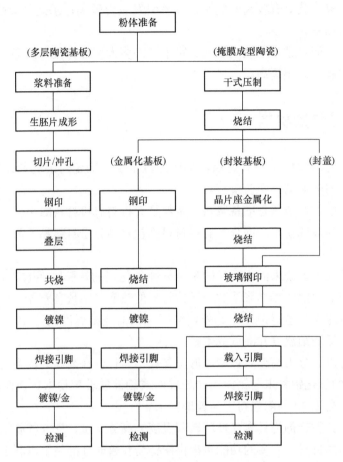

图 5-8　氧化铝陶瓷封装的工艺流程

层电镀、引脚结合与测试等。

陶瓷粉末、黏着剂、塑化剂与有机溶剂等均匀混合后制成浆料，然后以刮刀成形的方法制成生胚片。刮刀成形机在浆料容器的出口处有可调整高度的刮刀，可将随着多元脂输送带移出的浆料刮制成厚度均匀的薄带，生胚片刮刀成形工艺如图 5-9 所示，生胚片的表面同时吹过与输送带运动方向相反的滤净热空气使其缓慢干燥，然后再卷起，并切成适当宽度的薄带。未烧结前生胚片的厚度一般在 0.2～0.28mm 之间。生胚片的厚度和刮刀间隙、输送带的速度、干燥温度、容器内浆料高度、浆料的黏滞性、薄带的收缩率等因素有关。

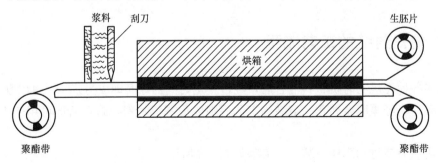

图 5-9　生胚片刮刀成形工艺

除了刮刀成形工艺外，干式压制成形与滚筒压制成形也可以制作生胚片。干式压制成形技术适用于单芯片模块封装的基板及封盖等简单形状板材的制作。干式压制成形技术是将陶瓷粉末放置于模具中，施加适当的压力制成所需形状的生胚片后再进行烧结。滚筒压制成形技术将以喷雾干燥法制成的陶瓷粉粒经过两个并列的反向滚筒压制成生胚片，所使用的原料中黏着剂所占的比例高于干法压制成形方法。

冲片的工艺是将生胚片以精密的模具切成适当尺寸的薄片，冲片时薄片的四边也冲出对位孔以供叠合时对齐使用。导孔成形则将生胚片冲出大小适当的导孔以供垂直方向的导通，一般导孔的直径在 $125\sim200\mu m$ 之间。导孔成形技术可以利用机械式冲孔、钻孔或激光钻孔等方法完成。

如需制成多层的陶瓷基板，则必须将完成厚膜金属化的生胚片进行叠压。叠压工艺是根据设计要求将所需的金属化生胚片放置于模具中，再施加适当的压力叠成多层连线结构。叠压过程中所施加的压力会影响生胚片原有孔洞的分布，进而影响未来烧结时薄片的收缩率，通常收缩率随压力的增加而减小，叠压工艺的条件因此以收缩率的大小尺寸为依据。

烧结是陶瓷基板成形中的关键步骤之一。虽然高温与低温的共烧条件有所不同，但目的都是将有机成分脱脂烧除，使无机材料烧结成致密、坚固的结构。在高温的共烧工艺中，有机成分的脱脂烧除和无机成分的烧结通常在一个热处理炉中进行，完成叠压的生胚片先缓慢地加热至 $500\sim600℃$ 以除去溶剂、塑化剂等有机成分，缓慢加热的目的是预防气泡的产生。待有机成分完全烧除后，根据所使用的陶瓷与厚膜金属种类，热处理炉再以适当的速率选择升温到 $1375\sim1650℃$，在最高温度停留数小时进行烧结。在烧结过程中，玻璃与陶瓷成分将反应生成玻璃相，除了促进陶瓷基板结晶的致密化外，还渗入厚膜金属中润湿金属相以使其与陶瓷基板紧密结合。在烧结完成后的冷却过程中热处理的气氛通常转换为干燥的氢气，同时应避免冷却过快产生热爆震效应而使基板破裂。一个完整的烧结工艺通常需要耗时 $13\sim33h$。低温的共烧工艺通常使用带状炉以使有机成分的脱脂烧除与陶瓷成分的烧结过程分开进行。低温共烧工艺的温度曲线与热处理炉气氛的选择及所使用的金属膏种类有关。

共烧完成之后，基板的表层需要制作电路、金属键合点或电阻等，以供 IC 封装元器件及其他电路元器件的连线接合。制作的方法通常采用网印与烧结技术。

5.4.4 陶瓷封装的类型

陶瓷封装的种类繁多，包括金属陶瓷封装和一般陶瓷封装两大类。前者主要应用于各类同轴型和带载型分立器件封装、微波毫米波集成电路封装；后者大量应用于各类集成电路的封装中。其中代表品种有：

1）CDIP：陶瓷双列直插封装（Ceramic Double In-line Package）。

2）LCC：无引线芯片载体（Leadless Chip Carrier）。

3）CQFP：四边引脚扁平陶瓷封装（Ceramic Quad Flat Package）。

面阵陶瓷封装产品的开发进展较快，出现了多种形式的封装方案；

1）CPGA：陶瓷针栅阵列（Ceramic Pin Grid Array）。

2）FC-CBGA：倒装焊型陶瓷球栅阵列（Flip-chip Ceramic Ball Grid Array）。

3）FC-CCGA：倒装焊型陶瓷柱栅阵列（Flip-chip Ceramic Column Grid Array）。

4）C-CSP：陶瓷芯片级封装（Ceramic Chip Scale Package）。

5.4.5 陶瓷封装应用举例——高亮度 LED 封装

利用陶瓷封装导热性好、成本低的特点，京瓷公司开发了白色发光二极管（LED）和蓝色 LED 等高亮度的陶瓷封装，并于 2003 年初开始批量生产。由于在封装材料中采用了氧化铝和散热性能更好的氮化铝，与现有树脂材料 LED 相比，散热性能及耐热性能均得到了提高。该陶瓷封装主要应用于手机背照及照明设备中使用的白色 LED。虽然目前手机背照灯所使用的白色 LED 完全可以使用现有的封装。但是，LED 芯片尺寸变得比背照灯更大以后，就需要用更大的电流来驱动，因为树脂材料的散热性较差，LED 芯片温度过高的话，LED 芯片和树脂材料就会迅速老化，因此就必须使用像陶瓷那样的高散热性封装。

5.5 典型器件级封装

上面根据器件封装材料的不同分别介绍了金属封装、塑料封装和陶瓷封装。从技术发展的层面看，器件级封装进程从 TO 发展到 DIP，继续发展到 QFP、PGA、BGA，一直发展到今天的 CSP、FCP、WLP 和先进的三维封装技术，封装效率越来越高，适用频谱越来越宽，耐温性能也越来越好，可靠性更高，使用更加方便。限于篇幅，本书不一一详细介绍，下面仅介绍最具有代表性的几种封装技术。

5.5.1 双列直插式封装

双列直插式封装（Dual In-Line Package，DIP）也称双入线封装，DRAM 等绝大多数中小规模集成电路均采用这种封装形式，其引脚数一般不超过 100 个。图 5-10 是一种 DIP 封装器件图。

DIP 封装的主要特点：适合在 PCB（印刷电路板）上穿孔焊接，操作方便；芯片面积与封装面积之间的比值较大，故体积也较大；最早的 4004、8008、8086、8088 等 CPU 都采用了 DIP 封装，通过其上的两排引脚可插到主板上的插槽或焊接在主板上。

图 5-10　DIP 封装器件图

DIP 封装的结构形式多种多样，包括多层陶瓷双列直插式 DIP、单层陶瓷双列直插式 DIP、引线框架式 DIP 等。但 DIP 封装形式封装效率是很低的，其芯片面积和封装面积之比为 1∶1.86，这样封装产品的面积较大，比如内存条 PCB

的面积是固定的，封装面积越大，在内存上安装芯片的数量就越少，内存条容量也就越小。同时较大的封装面积对内存频率、传输速率、电器性能的提升都有影响。理想状态下芯片面积和封装面积之比为 1∶1 将是最好的，但这是无法实现的，除非不进行封装。但随着封装技术的发展，这个比值日益接近，现在已经有了 1∶1.14 的内存封装技术。

DIP 是插装型封装之一，引脚从封装两侧引出，封装材料有塑料和陶瓷两种。DIP 是最普及的插装型封装，应用范围包括标准逻辑 IC、存储器 LSI 和微机电路等。引脚中心距为 2.54mm，引脚数从 6 到 64，封装宽度通常为 15.2mm，有的把宽度为 7.52mm 和 10.16mm 的封装分别称为 skinny DIP 和 slim DIP（窄体型 DIP），但多数情况下并不加区分，只简单地统称为 DIP。另外，用低熔点玻璃密封的陶瓷 DIP 也称为 CerDIP。

1. 陶瓷熔封双列直插式（CerDIP）封装技术

和其他双列直插式封装一样，这种封装结构比较简单，只有基座、盖板和引线架三个零件。基座和盖板一般都是用陶瓷工艺制作的。把玻璃浆料印刷在基座和盖板上，然后在空气中烧结，使玻璃熔化，将引线架埋入玻璃中，粘贴 IC 芯片，进行引线键合。把涂有低温玻璃的盖板与粘贴好 IC 芯片的基座组装在一起，在空气中使玻璃熔化，达到密封，然后镀 Ni-Au 或 Sn。

2. 塑料双列直插式封装（PDIP）

塑料封装虽然是非密封性的封装，但在民用产品中广泛使用。虽然 PDIP 技术与 TO 型晶体管塑封类似，但封装工艺要求要高，因为 PDIP 的 I/O 引脚数相对较多，芯片也相对较大。PDIP 塑封的工艺过程与 TO 相似，PDIP 的引线架为局部镀 Ag 的 C194 铜合金或 42 号铁镍合金，基材用冲压成形或刻蚀成形。将 IC 芯片粘贴在中心区域，然后进行引线键合，最后将键合好的引线架放置于塑封模具中，完成塑封过程。PDIP 的一个突出优点是可根据要求的产量设计模具的容量，适合自动化大批量生产。

20 世纪 90 年代，随着集成技术的进步、设备的改进和深亚微米技术的使用，LSI、VLSI、ULSI 相继出现，硅芯片集成度不断提高，对集成电路封装要求更加严格。这是因为封装技术关系到产品的功能性，当 IC 的频率超过 100MHz 时，传统的封装形式可能产生串扰（Cross Talk）现象，而且当 IC 的引脚数大于 208 时，传统的封装方式十分困难。随着 I/O 引脚数急剧增加，功耗也随之增大，为满足发展需要，在原来封装品种的基础上，又增添了更多新的封装技术。

5.5.2　四边扁平封装

四边扁平封装（Quad Flat Package，QFP）使得芯片引脚之间的节距变小，引脚很细，一般大规模或超大规模集成电路采用这种封装形式，其引脚数一般都在 100 个以上。由于 QFP 一般为正方形，其引脚分布于封装体四周，因此很容易识别。常见的 QFP 如图 5-11 所示。

QFP 的引脚从四个侧面引出呈海鸥翼形。基材有陶瓷、金属和塑料三种，其中塑料基

图 5-11　常见的 QFP

材占大多数。塑料四边扁平封装是最普及的形式，不仅用于微处理器、门阵列等数字逻辑单元，而且也用于录像机信号处理、音频信号处理等模拟单元。

QFP 的引脚中心节距有 1.0mm、0.8mm、0.65mm、0.5mm、0.4mm 和 0.3mm 等多种规格。其中 0.65mm 引脚节距的 QFP 最多引脚数为 304 个。

QFP 具有如下特点：①适用于 SMD；②适合高频电路使用；③操作方便，可靠性高；④芯片面积与封装面积之比较小。

QFP 的封装种类繁多，按照其封装体的厚度可以将其分为以下三种：普通四边扁平封装、小型四边扁平封装（LQFP）和薄型四边扁平封装（TQFP）。其中 LQFP 的厚度一般为 1.4mm，TQFP 的厚度一般为 1.0mm。

当 QFP 的引脚间距小于 0.65mm 时，其引脚容易弯曲，为了防止引脚变形，现在已经出现了几种改进的 QFP 技术，例如，封装的四角带有树脂缓冲垫的四边扁平封装（BQFP），还有用玻璃密封的陶瓷四边扁平封装（CQFP）技术。

5.5.3　BGA 封装

进入 20 世纪 90 年代以后，由于微电子技术的飞速发展，器件与电路的引脚数不断增加，因此四边有引线的表面封装技术面临组装与性能的巨大障碍，为了适应 I/O 数不断增长的趋势，封装人员不得不将 QFP 做得很大或者缩小引脚间距，这就造成封装性能的降低并使制造成本越来越高。在这种情况下，以球栅阵列形式出现的球栅阵列封装技术迅速发展起来。球栅阵列封装技术是一种高密度表面贴装技术。在封装的底部，引脚都成球状并排列成一个类似于格子的图案，由此命名为球栅阵列（Ball Grid Array，BGA）封装。典型的 BGA 封装外观如图 5-12 所示。

BGA 是一种新型的表面贴装多端子型封装，在美国生产的电子设备中最早开始使用。与 QFP 塑封相比，BGA 塑封外形小，而且能简单地在印制电路板上贴装，不需要特殊训练的专门技术，钎焊不良率比 QFP 低，生

图 5-12　典型的 BGA 封装外观

产设备也比 QFP 简单。目前的端子数已经达到 2000。由于常用的 QFP 在端子节距缩小到 0.4mm 时给生产者和使用者带来一系列的问题，对生产者和使用者来说工艺难度增加，提高了生产成本。因而迫使设计者考虑引线端子布置由四周向面阵列发展。这样作为接线端子的焊料微球按二维阵列的方式布置，与 QFP 相比，其端子节距要大得多。由于端子是硬球，不必担心因接触引起的变形，当然也能与其他 LSI 表面贴装型部件一起集中进行钎焊，实际生产中成品率也比高。

BGA 封装技术是一种焊球阵列封装，它的 I/O 引脚以圆形或柱状焊点按阵列形式分布在封装体下面，引线节距大，引线长度短，这样 BGA 消除了精细节距器件中由于引线而引起的共面度和翘曲的问题。典型的 BGA 封装内部结构如图 5-13 所示。

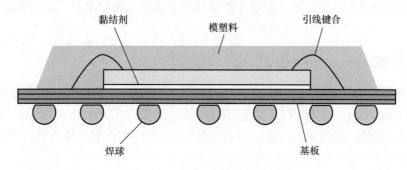

图 5-13　典型的 BGA 封装内部结构

BGA 正在迅速成为集成电路与印制板互连的最普遍方式之一。BGA 最引人注意的基本特点是对于 I/O 数量超过 200 的芯片仍可以利用现有的 SMT 工艺。SMT 最基本的工艺是回流焊，而现有的回流焊技术也可以用于 BGA 中引脚的焊接。虽然 BGA 焊接的时间温度曲线与标准的 SMT 温度曲线相同，但在使用时还必须了解这些 BGA 封装的特殊功能。这一点特别重要，因为与大多数传统的 SMT 器件不同，BGA 焊接点位于器件的下方，介于器件体与 PCB 之间。因此，结构体的内部材料对接点的影响要比大多数传统封装形式大得多，传统封装形式的引线沿器件体四周排列，至少可以部分暴露于加热环境中。这就要求在回流焊工艺参数的设定过程中，必须以 BGA 焊接点的温度测量值为参考点。

BGA 封装技术的主要特点包括以下几点：①提高了成品率。I/O 引脚数虽然增多，但引脚节距远大于 QFP，从而提高了组装成品率；②改进了器件引出端数和本体尺寸的比例，例如边长为 31mm 的 BGA，当节距为 1.5mm 时有 400 个引脚，而当节距为 1mm 时有 900 个引脚，相比之下，边长为 32mm 而引脚节距为 0.5mm 的 QFP 只有 208 个引脚；③虽然它的功耗增加，但 BGA 能用 C4 焊接，从而可以改善它的电热性能；④明显改善共面问题，极大地减少了共面损坏，组装可用共面焊接，可靠性高；④厚度比 QFP 减少 1/2 以上，重量减轻 3/4 以上；⑤BGA 引脚变短，信号传输路径变短，寄生参数减小，信号传输延迟小，使用频率大大提高；⑥BGA 引脚牢固，不像 QFP 那样存在引脚变形问题；⑦球形触点有利于散热。

BGA 的出现虽然对解决引脚节距不能太小的问题有利，但也存在一些其他的问题。首先是焊球端子的高度偏差，由于现在塑封的基板存在翘曲，微球端子的高度会出现偏差。例如，225 个引脚、1.5mm 节距的芯片的微球端子的高度偏差大约是 130μm。微球端子数越多，基板的翘曲越大，进而微球端子的高度偏差也越大。因此有人曾提出超过 300 球的多端子 LSI 是不是太难这一问题。目前这个问题正在逐步解决，端子数已经超过 400。最开始出现的 BGA 封装，为满足多引脚、高频、低损耗、小型、薄型等各种需要，每种 BGA 都派生出多种新的形式，形成了一个家族，它们不仅在尺寸与 I/O 数量上不同，而且其物理结构和封装材料也不同。这里 BGA 的物理结构包括材料、构造和制造技术。一种特定形式的BGA 可以有一定的尺寸范围，但应采用同样的物理构造和相同的材料。

BGA 器件一般所拥有的焊球节距为 1.27～2.54mm，它对贴装精度没有特别的要求。另外，由于 BGA 器件具有自动排列对准的特点，如果任何器件的焊球节距发生大约 50％的失调现象，那么再流焊将会使焊球自动纠正偏差并对准。当焊点发生再流时，器件会"浮动"进入自动校准状态，这是因为融化了的焊料在表面张力的作用下，会将表面缩小到最小限度所致。

1. BGA 的类型

BGA 包括五种：塑料球栅阵列（Plastic Ball Grid Array，PBGA）、陶瓷球栅阵列（Ceramic Ball Grid Array，CBGA）、陶瓷圆柱栅格阵列（Ceramic Column Grid Array，CCGA）、载带球栅阵列（Tape Ball Grid Array，TBGA）和小型球栅阵列（Tiny Ball Grid Array，TinyBGA）。

（1）塑料球栅阵列　塑料球栅阵列又常称为整体模塑阵列载体（Over Molded Plastic Array Carrier，OMPAC），它采用 BT 树脂/玻璃层压板作为基板，以塑料（环氧模塑混合物）作为密封材料，焊球为共晶焊料 63Sn/37Pb 或准共晶焊料 62Sn/36Pb/2Ag（目前已有部分制造商使用无铅焊料），焊球和封装体的连接不需要另外使用焊料。有一些 PBGA 封装为腔体结构，分为腔体朝上和腔体朝下两种。这种带腔体的 PBGA 是为了增强其散热性能，称之为热增强型 BGA（EBGA），或称之为 CPBGA（腔体塑料焊球阵列）。

PBGA 的载体（Carrier）或中介板（Interposer，现称封装极板）是普通的印制板基材，例如 FR-4、BT 树脂等。芯片通过金属丝压焊方式连接到载体的上表面，然后用塑料模注成形，在载体的下表面连接有共晶组分（37Pb/63Sn）的焊球阵列。焊球阵列在器件底面上完全分布或部分分布，如图 5-12 所示。通常的焊球直径在 0.75～0.89mm 范围内，焊球中心距有 0.5mm、0.8mm、1.0mm、1.27mm、1.5mm 等几种。PBGA 可用现在的表面贴装技术（SMT）和设备进行实装。首先通过丝网印刷方式把共晶或准共晶组分的焊膏印刷到相应的 PCB 焊盘上，然后把 PBGA 的焊球对应压入焊膏并进行回流焊。因漏印采用的焊膏和封装体的焊球均为共晶焊料，所以在回流焊中焊球和焊膏共熔。由于器件的重量和表面张力的作用，焊球坍塌使得器件底部与 PCB 之间的间隙减小，焊点固化后呈椭球形。目前 169～313 端子的 PBGA 已有批量生产，并且已有 I/O 微球端子数达 600～1000 的试制品。

PBGA 封装的优点如下：①与 PCB（印制电路板，通常为 FR-4 板）的热匹配性好。PBGA 结构中的 BT 树脂/玻璃层压板的体膨胀系数约为 $14 \times 10^{-6} \mathrm{K}^{-1}$，PCB 的约为 $17 \times 10^{-6}/℃$，两种材料的 CTE 比较接近，因此热匹配性好。②在回流焊过程中可利用焊球的自对准作用，即熔融焊球的表面张力来达到焊球与焊盘的对准要求。③可以利用现有的技术和材料制造 PBGA，封装费用比较低，成本低。④可适用于大批量生产，封装器件的电气性能良好。

PBGA 封装的缺点是：对湿气敏感，不适用于有气密性要求和可靠性要求高的器件的封装。PBGA 技术的主要挑战是对湿气的敏感性和防止"Popcorn"（爆米花）现象的产生，以解决因日趋增大的芯片尺寸引起的可靠性问题。

（2）陶瓷球栅阵列　CBGA 通常也称作焊料球载体（Solder Ball Carrier，SBC），最早源于 IBM 公司的 C4 倒装片工艺。CBGA 是将管芯连接到多层陶瓷载体的顶部表面的封装技术。

CBGA 的管芯连接在多层陶瓷载体的上面，管芯与多层陶瓷载体的连接可以有两种形式：其一是管芯的电极面朝上，采用金属丝压焊的方式实现连接；其二是管芯的电极面朝下，采用倒装片方式实现管芯与载体的连接。管芯连接固定之后，采用环氧树脂等封装材料对其进行封装以提高可靠性和提供必要的机械保护。在陶瓷载体的下面，连接有 90Pb/10Sn 焊球阵列，焊球阵列的分布有完全分布或部分分布两种形式。焊球尺寸通常是 0.89mm 左右，节距因各家公司而异，一般为 1.0mm 和 1.27mm。

CBGA 器件能够使用标准的表面贴装技术组装和再流焊工艺进行装配。但由于与 PBGA 的焊球组分不同，使得整个实装过程与 PBGA 有所不同。PBGA 装配采用的共晶焊膏的回流温度为 183℃，而焊球的融化温度约为 230℃，现有表面贴装回流过程大都在 220℃进行，而在这一温度下仅溶化了焊膏，但焊球没有融化。因此要形成良好的焊点，漏印到焊盘上的焊膏量与 PBGA 相比要多。焊膏多的目的首先是要用焊膏补尝 CBGA 焊球的公平面误差；其次是保证形成可靠的焊点连接。在回流焊之后，共晶焊料包覆焊球形成焊点，焊球起到刚性支撑的作用，因此器件底部与 PCB 的间隙通常要比 PBGA 大。CBGA 的焊点是由两种不同的 Pb/Sn 组分焊料形成的，但共晶焊料同焊球之间的界面实际上并不明显，通过焊点的金相分析可以看到在界面区域形成一个从 90Pb/10Sn 到 37Pb/63Sn 的过渡区。

CBGA 器件不像 PBGA 器件那样，在电路板和陶瓷封装之间存在热膨胀系数不匹配的问题，这类问题会在热循环器件中造成较大封装器件焊点失效的现象。通过大量的可靠性测试工作已经证明 CBGA 器件能够在高达 $32×32mm^2$ 的区域经受住业界的热循环测试标准的考核。当焊球的节距为 1.27mm 时，I/O 引脚数量限定值为 625。当陶瓷封装体的尺寸大于 $23×23mm^2$ 时，应该关注其他可以替换的封装方式。

CBGA 封装的主要优点包括：①拥有优良的热性能和电性能；②气密性好，抗湿气性能高，因而封装组件的长期可靠性高。③与 PBGA 器件相比，封装密度更高，当装配到具有大量 I/O 应用的 PCB 上时，具有非常高的封装效率。

CBGA 封装的主要缺点包括：①由于陶瓷基板和 PCB 的体膨胀系数（CTE）相差较大（A1203 陶瓷基板的体膨胀系数约为 $7×10^{-6}K^{-1}$，PCB 的体膨胀系数约为 $17×10^{-6}K^{-1}$），因此热匹配性差，焊点疲劳是其主要的失效形式。②与 PBGA 器件相比，封装成本高。③在封装体边缘的焊球对准难度增加。

（3）陶瓷圆柱栅格阵列　CCGA 也称作圆柱焊料载体（Solder Column Carrier，SCC），是 CBGA 在陶瓷载体面积大于 32mm×32mm 时的另一种形式。

与 CBGA 不同的是 CCGA 在陶瓷载体下表面连接的不是焊球而是 90Pb/10Sn 焊料柱。

焊料柱阵列可以是完全分布也可以是部分分布，常见的焊料柱直径约 0.5mm，高度约 2.21mm，柱阵列节距典型值为 1.27mm。CCGA 有两种形式，一种是焊料柱与陶瓷载体底部采用共晶焊料连接，另一种采用浇铸式固定结构。CCGA 的焊料柱可以承受因 PCB 与陶瓷载体的热膨胀系数不匹配产生的应力，大量的可靠性试验证明封装体面积小于 44mm×44mm 的 CCGA 均可以满足工业标准热循环试验规范。CCGA 的优点与 CBGA 相似，只是前者的焊料柱比 CBGA 的焊球在实装过程中更容易受到机械损伤，封装体略高，但容易清洗。CBGA 与 CCGA 的区别如图 5-14 所示。

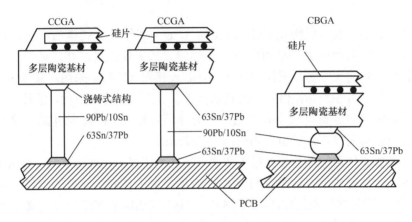

图 5-14　CBGA 与 CCGA 的区别

（4）载带球栅阵列　载带球栅阵列又称为阵列载带自动键合（Array Tape Automated Bonding，ATAB），是一种相对较新的封装类型，TBGA 的管芯载体是聚酰亚胺，并覆以单层铜箔或上下双层铜箔。以铜箔/聚酰亚胺/铜箔双金属层带状载体为例，其上表面分布有信号传输用的铜布线，而另一层作为接地层使用。载体上的过孔起到了连通两个表面、实现信号传输的作用，芯片凸点通过采用类似金属丝压焊的连接工艺接到过孔焊盘上，并形成焊球阵列。在载体的顶面用黏结胶连接一个加固层，用于给封装体提供刚性并保证封装体的共面性。在倒装芯片的背面一般采用导热胶连接散热板，以提高散热性。在芯片连接方式上，TBGA 不采用 PBGA 的 WB 方式，而采用 TAB 连接或凸点连接。这种 TAB 封装一般可以由普通的 TAB 技术来实现，TBGA 的焊球组分为 90Pb/10Sn，焊球直径约为 0.65mm，典型的焊球阵列节距有 1.0mm、1.27mm 和 1.5mm 几种。TBGA 实装在 PCB 上采用 63Sn/37Pb 共晶焊料，TBGA 也可以采用现有的 SMT 设备和工艺，采用与 CBGA 相似的方法进行实装。

TBGA 封装有如下优点：①由于采用 TBGA 的内侧引线键合（Inner Lead Bonding，ILB）技术，键合焊盘节距可达 40～60μm，比普通引线键合的焊盘节距（最小为 60～80μm）更细，因此可进一步细化。载体基材不是玻璃与环氧树脂的复合材料，而是 TAB 带，可以形成更微细的布线（线宽/间隔为 40μm/40μm），适合于多端子化（超过 1000 个端子）。②由于载体为薄带，而且采用倒装片形式实现芯片与载体的连接，易于薄型化、轻量化。由于引线距离短，信号损耗和噪声都较低，特别适合高频芯片封装。③尽管在管芯连接中局部存在应力，但由于管芯载体、TBGA 封装中的加固层、环氧树脂印制板三者之间热膨胀系数基本相匹配，因此可以保证实装后的可靠性，而且容易在管芯背面附加散热板，管芯的热阻很低。④便于大批量的电子产品封装，降低价格的潜力很大，有可能成为最便宜的封装形式。但也存在对湿气敏感、对工作条件要求高，多种材料的组合使用可能对可靠性有影响，成本比较高等问题。

（5）小型球栅阵列　TinyBGA 封装内存如图 5-15 所示，属于 BGA 封装技术的一个分支，是 Kingmax 公司于 1998 年 8 月开发成功的，其芯片面积与封装面积之比不小于 1∶1.14，与 TSOP 封装产品相比，其具有更小的体积、更好的散热性能和电性能。

图 5-15　TinyBGA 封装内存

TinyBGA 可以使内存在体积不变的情况下内存容量提高 2～3 倍，采用 TinyBGA 封装技术的内存产品在相同容量情况下体积只有 TSOP 封装的 1/3。TSOP 封装内存的引脚是由芯片四周引出的，而 TinyBGA 则是由芯片中心方向引出。这种方式有效地缩短了信号的传导距离，信号传输线的长度仅是传统的 TSOP 技术的 1/4，因此信号的衰减也随之减少。这样不仅大幅提升了芯片的抗干扰、抗噪性能，而且提高了其电性能。采用 TinyBGA 封装芯片可抗高达 300MHz 的外频干扰，而采用传统 TSOP 封装技术最高只可抗 150MHz 的外频干扰。

TinyBGA 封装的内存其厚度也更薄（封装高度小于 0.8mm），从金属基板到散热体的有效散热路径仅有 0.36mm。因此，TinyBGA 内存拥有更高的热传导效率，非常适用于长时间运行的系统，稳定性极佳。

2. BGA 的制作与安装

（1）BGA 的制作过程　以 PBGA 为例简要介绍 BGA 的制作过程。图 5-16 所示为 PBGA 的结构示意图。

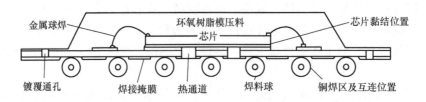

图 5-16　PBGA 结构示意图

其制作过程如下：PBGA 基板为 PCB。BT 树脂/玻璃芯材被层压在两层 18μm 厚的铜箔之间，然后钻通孔和镀通孔，通孔一般位于基板的四周；用常规的 PCB 工艺在基板的两面制作图形（导带、电极以及安装焊料球的焊区阵列），然后加上焊接掩膜并制作图形，露出电极与焊区。基板制作完成之后，首先用填银环氧树脂将硅芯片黏到镀有 Ni/Au 的薄层上，黏结固化后用标准的热超声金丝球焊接将 IC 芯片上的铝焊区与基板上的镀 Ni/Au 的丝焊电路相连。之后用填有石灰粉的环氧树脂模压料进行模压密封。固化之后，使用一个焊料球自动捡放机械手系统将浸有焊膏的焊料球安放到各个焊区上，用常规的 SMT 再流焊工艺在 N₂ 保护下进行再流焊，焊料球与镀 Ni/Au 的焊区焊接形成焊料凸点。

在基板上装焊料球有两种方法："球在上"和"球在下"。"球在上"方法是先在基板上丝网印刷焊膏，将印有焊膏的基板装在一个夹具上，固定位将一个带筛孔的顶板与基板对准，把球放在顶板上，筛孔的中心距与阵列焊点的中心距相同，焊料球通过孔阵列落到基板焊区的焊膏上，多余的球则落入一个容器中。取下顶板后将部件送去再流焊，然后进行清洗。"球在下"方法是先将一个带有以所需中心距排列成阵列的孔（直径小于料球）的特殊夹具放在一个振动/摇动装置上，放入焊料球，通过振动使球定位于各个孔，在球上印焊膏，再将基板对准放在印好的焊膏上，送去再流焊之后进行清洗。

焊料球的直径一般是 0.76mm 或 0.89mm，PBGA 焊料球的成分为低熔点的 63Sn/37Pb，TBGA 焊料球的成分为高熔点的 10Sn/90Pb，上述两种焊料球的引出端有全阵列和部分阵列两种排法，全阵列是焊料球均匀分布于基板的整个底面，部分阵列是焊料球分布在基板的靠外的部分。对于芯片与焊料球位于基板同一面的情况只能采用部分阵列。有时可以在采用全阵列时采用部分阵列，基板中心部位不设计焊区，这样做是为了提高电路板的布线能力，减少 PCB 的层数。

（2）安装与再流焊　安装前需要检查 BGA 焊料球的共面性以及有无脱落，BGA 在 PCB 上的安装与目前的 SMT 设备和工艺完全兼容。先将低熔点焊膏丝网印刷到 PCB 的焊盘阵列上，用拾放设备将 BGA 对准放在印有焊膏的焊盘上，然后进行标准的 SMT 再流焊。对于 PBGA 而言，因其焊料球合金的熔点较低，再流焊时焊料球部分熔化，与焊膏一起形成 C4 焊点，焊点的高度比原来的焊料球低；而 CBGA 的焊料球是高熔点合金，再流焊时不熔化，焊点的高度不降低。BGA 进行再流焊时，由于参与焊接的焊料较多，熔融焊料的表面张力有一种独特的"自对准效应"。因此，BGA 的组装成品率很高，而对 BGA 的安放精度允许有一定的误差。因为安放时看不见焊料球的对位，所以一般要在电路板上做标记，安放时使 BGA 的外轮廓线与标记对准。

（3）焊点的质量检测　对 BGA 而言，检测焊点质量是比较困难的。由于焊点被隐藏在装配的 BGA 下面，因而，通常的目检和光学自动检测不能检测焊点质量。目前比较常用的检测方法是采用 X 射线断面自动工艺检测设备进行 BGA 焊点的质量检测。

X 射线断面自动工艺检测设备能用 X 射线切片技术分析 BGA 焊点的边界，因而可以对每一个焊点区域进行精确检测。这种检测设备能用很小的视场景深产生 X 射线焦面，并且将 BGA 焊点的每个边界区域移动到焦面上分别照相。对于每一个图像，采取特征值算法规则读出 X 射线图像关键点的灰度级，并将灰度级读数转换成与安装设备时校准对应的物理尺寸，尺寸数据被自动送入可自动生成工程控制图的统计过程控制装置，并存储起来作为统计工艺控制（SPC）分析的历史资料。为正确做出焊点允许/拒收的判断，X 射线断面自动工艺检测设备按照缺陷检测算法规则，自动处理监测数据，并做出允许或拒收的结论。

3. BGA 的检测与质量控制

（1）器件焊接点检测中存在的问题　目前，对于以中等规模到大规模采用 BGA 器件进行电子封装的厂商，主要采用电子测试的方式来筛选 BGA 器件的焊接缺陷。在 BGA 器件装配工艺过程中控制质量和鉴别缺陷的其他方法包括在焊剂漏印上取样测试和使用 X 射线进行装配后的最终检验，以及对电子测试的结果分析。

满足 BGA 器件电子测试的评定要求是一项具有挑战性的技术，因为在 BGA 器件下面选定测试点是困难的，在检查和鉴别 BGA 器件的缺陷方面，常规电子测试通常是无能为力的，这在很大程度上增加了用于排除缺陷和返修时的费用支出。

根据经验，从印制电路板装配线上剔除的所有 BGA 器件中的 50％ 以上采用电子测试方式对其进行检测是失败的，它们实际上并不存在缺陷，因而也就不应该被剔除掉。对印制电路板相关界面的仔细研究能够减少测试点和提高测试的准确性，但是这要求增加管芯级电路以提供所需要的测试电路。在检测 BGA 器件缺陷的过程中，电子测试仅能确定在 BGA 连接时，判断导电电流的通与断，如果辅助以非物理焊接点测试，将有助于封装工艺过程的改善和统计工艺控制。

BGA 器件的封装是一种基本的物理连接工艺过程。为了能够确定和控制这样一个工艺过程的质量，要求了解和测试影响可靠性的物理因素，如焊料量、导线和焊盘的定位情况以及润湿性，不能仅基于电子测试所产生的结果就进行修改。

（2）BGA 焊前检测与质量控制　生产中质量控制非常重要，尤其在 BGA 封装中，任何缺陷都会导致 BGA 器件在印制电路板焊接过程中出现差错，进而在以后的工艺中引发质量问题。封装工艺中所要求的主要性能有：封装组件的可靠性、与 PCB 的热匹配性、焊料球的共面性、对热和湿气的敏感性、封装体边缘对准性以及加工的经济性等。需要指出的是，BGA 基板上的焊球无论是通过高温焊球转换，还是采用球射工艺成形，焊球都可能掉落或者形状过大、过小，或者发生焊料桥接、缺损等情况，因此在对 BGA 进行表面贴装之前需要对其中的一些指标进行检测控制。

（3）BGA 焊后检测和质量控制　BGA 器件给检测和质量控制带来了难题，如何检测焊接后焊点质量成为难题。由于这类器件焊接后检测人员看不到封装体下面的焊点，从而不可能目检焊接质量。为了解决目检看不到焊点的问题，必须寻求其他的检测方法。目前的生产检测技术有电测试、边界扫描测试和 X 射线测试。

1）电测试。传统的电测试是查找短路与断路缺陷的主要方法，该方法是在基板的预置点进行实际的电连接，这样便可以提供一个信号流入测试板、数据流入自动检测设备的接口。如果印制电路板有足够的空间设定测试点，系统就能快速、有效地查找到短路、断路和故障器件。电测试系统也可以检查器件的功能，测试仪器一般由微机控制。在检测每块PCB时，需要相应的探针台和软件，对于不同的测试功能，测试仪器可以提供相应工作单元来进行检测。

2）边界扫描测试。边界扫描测试解决了一些与复杂器件及封装密度有关的问题。采用边界扫描技术，每一个IC元器件设计有一系列寄存器，将功能线路与检测线路分离，并记录通过元器件的检测数据，测试通路检查IC元器件上每一个焊点的短路、断路情况。基于边界扫描设计的检测端口，通过边缘连接器给每一焊点提供一条通路，从而免除全节点查找的需要。电测试与边界扫描检测主要用于测试电性能，却不能较好地检测焊接的质量，为提高并保证生产过程的质量，必须寻找其他方法来检测焊接质量，尤其是不可见焊点的质量。

3）X射线测试。X射线透视图可显示焊接厚度、形状和密度分布。厚度与形状不仅是反映长期结构质量的指标，在测定短路、断路缺陷和焊接不足方面，也是较好的衡量指标。X射线测试有助于收集量化的过程参数并检测缺陷。X射线由一个微焦点X射线管产生，穿过管壳内的一个铍管投射到试验样品上。样品对X射线的吸收率或透射率取决于样品所包含材料的成分与比率。X射线穿过样品敏感板上的磷涂层，并激发出光子，这些光子随后被摄像机探测到，摄像机产生相应的信号，然后对该信号进行处理放大，用计算机进一步分析和观察。不同的样品材料对X射线具有不同的透射系数，处理后的灰度图像显示了被检查物体的密度或材料的厚度差异。如果使用人工X射线检测设备，需要逐个检查焊点并确定是否合格，该设备配有手动或电动辅助装置使组件倾斜，以便更好地进行检测与摄像，但通常的目视检测需要培训操作人员并且易于出错，此外人工设备并不适合检测全部焊点，只适合于做工艺鉴定和工艺故障分析。全自动检测系统能对全部焊点进行检测，虽然已经定义了人工检测标准，但全自动系统的检测正确度比人工检测方法高很多，全自动X射线检测系统通常用于产量高且品种少的生产设备上，具有高价值或要求可靠性高的产品需要进行自动检测，检测结果与需要检修的电路板一起送给返修人员。

（4）BGA的返修　BGA的返修主要包括以下几步：①电路板和芯片预热，主要目的是将潮气去除。②拆除芯片，如果拆除的芯片不打算重新使用，而且电路板可以承受高温，拆除芯片可以采用较高温度。③清洁焊盘，主要是将拆除后留在PCB表面的助焊剂和焊锡膏清理掉，必须使用符合要求的洗涤剂。为了保证BGA焊接的可靠性，一般不能使用焊盘上旧的残留焊膏，必须将旧的焊膏清除掉，除非芯片上重新形成BGA焊锡球。④涂焊锡膏和助焊剂，在PCB上涂焊锡膏对BGA的返修结果有重要影响。通过选用与芯片相符的模板，可以很方便地将焊锡膏涂在芯片上。选择模板时，应注意BGA芯片会比CBGA芯片的模板薄，使用水剂焊锡膏和适度活性松香（RMA）焊锡膏时，回流时间可略长一些；使用非清洗焊锡膏时，回流温度应选得低一些。⑤贴片，主要目的是将BGA上的每一个焊锡球与PCB上每一个对应的焊点对正。由于BGA芯片的焊点位于肉眼看不到的部位，因此必须使用专门的设备来对正。

4. BGA 的基板

BGA 基板应具有以下几个功能：完成信号与功率的分配，进行导热并与电路板的热膨胀系数（CTE）相匹配。在许多情况下，采用叠层基板、增加功率面来屏蔽信号并提高导热性能。

CTE 是选择基板时需要考虑的重要因素，Si 的体膨胀系数约为 $2.8 \times 10^{-6} K^{-1}$，而常见的层压 PC 板材料的体膨胀系数一般为 $18 \times 10^{-6} K^{-1}$，体膨胀系数约为 $7 \times 10^{-6} K^{-1}$ 的陶瓷基板与 Si 的匹配不太理想，如果 CTE 不能很好地匹配，就必须使用包封材料、填料、芯片键合材料或其他特殊方法来弥补。

多数情况下基板都采用层压板以简化二级互连，采用芯片键合或填料来解决一级互连的 CTE 不匹配问题。

许多芯片规模的 BGA 封装常采用载带基板或柔性基板。多数情况下，基板是一种带有一层金属层的双层载带。

陶瓷材料常用于一级互连，以提高其可靠性，为了实现用铜制作图形并集成无源元件的目的，目前常采用低温共烧陶瓷。通常尺寸在 $35 \times 35 mm^2$ 以上的陶瓷基板会出现一些可靠性方面的问题，这是由于与电路板 CTE 不匹配造成的。在某些情况下要使用特殊的电路板，在有机电路板上连接较大的陶瓷封装时，可以用焊柱取代焊球以便形成陶瓷圆柱栅格阵列，将形状做得较长有助于改善互连的疲劳寿命。

目前很多公司都开发出了新的基板。例如，IBM Interconnect Product 公司开发了一种名为高性能芯片载体（HPCC）的有机基板，W. L. Gore 公司开发了一种名为 Microlam 的基板材料。

5.5.4　CSP 封装

1994 年 4 月日本三菱公司研究出一种芯片面积：封装面积为 1：1.1 的封装结构，其封装外形尺寸只比裸芯片大一点点。也就是说，单个 IC 芯片有多大，封装尺寸就有多大，从而诞生了一种新的封装形式，命名为芯片尺寸封装（Chip Size Package 或 Chip Scale Package，CSP）。

CSP 封装是最新一代的内存芯片封装技术，其技术性能又有了新的提升。CSP 封装可以让芯片面积与封装面积之比超过 1：1.14，接近 1：1 的理想情况，绝对尺寸也仅有 $32 \times 32 mm^2$，约为普通 BGA 封装的 1/3，仅仅相当于 TSOP 内存芯片面积的 1/6。与 BGA 封装相比，同等空间下 CSP 封装可以将存储容量提高三倍，CSP 封装器件如图 5-17 所示。

CSP 封装内存芯片不但体积小，而且也更薄，其金属基板到散热体的最有效散热路径仅有 0.2mm，大大提高了内存芯片在长时间运行后的可靠性，线路阻抗显著减小，芯片速度也随之得到大幅度提高。

CSP 封装内存芯片的中心引脚形式有效地缩短了信号的传导距离，其衰减随之减少，芯片的抗干扰、抗噪性能也能得到大幅提升，这也使得 CSP 封装内存的存取时间比 BGA 改善 15%～20%。在 CSP 的封装方式中，内存芯片是通过一个个锡球焊接到 PCB 上的，由于

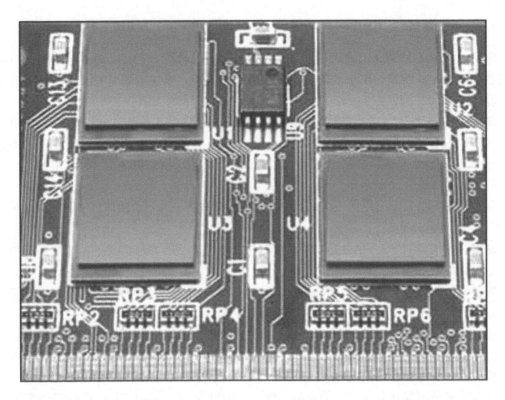

图 5-17　CSP 封装器件

焊点和 PCB 的接触面积较大，所以内存芯片在运行中所产生的热量可以很容易地传导到 PCB 上并散发出去。CSP 封装可以从背面散热，且热效率良好，CSP 的热阻为 35℃/W，而 TSOP 热阻为 40℃/W。

CSP 技术是在电子产品的更新换代时提出来的，它的目的是在使用大芯片（芯片功能更多，性能更好，芯片更复杂）替代以前的小芯片时，其封装体占用印制板的面积保持不变或更小。正是由于 CSP 产品的封装体小且薄，因此它在手持式移动电子设备中迅速获得了应用。目前，世界上有几十家公司可以提供 CSP 产品，各类 CSP 产品品种多达 100 种以上。

1. CSP 的特点

按照 EIA、IPC、MCNC 和 Sematech 共同制定的 J-STD-012 标准，CSP 是指封装外壳的尺寸不超过裸芯片尺寸 1.2 倍的一种先进封装形式，它主要是由目前广泛使用的 BGA 向小型化、薄型化方向发展而形成的一种封装概念。按照这一定义，CSP 并不是一种新的封装形式，而是芯片尺寸小型化的要求更为严格。

CSP 具有如下一些特点：

1）封装体积小。在各种封装中，CSP 面积和厚度最小，因而是体积最小的封装。在输入/输出端数相同的情况下，它的面积不到 0.5mm 节距 QFP 的 1/10，是 BGA（或 PGA）的 1/10～1/3。因此，在组装时它占用印制板的面积小，从而可提高印制板的组装密度。厚度薄，可用于薄形电子产品的组装。

2）输入/输出端数可以很多。在相同尺寸的各类封装中，CSP 的输入/输出端数可以做得更多。例如，对于 40mm×40mm 的封装，QFP 的输入/输出端数最多为 304 个，BGA 的可以做到 600～700 个，而 CSP 的很容易达到 1000 个。但目前的 CSP 主要还是用于少输入/输出端数电路的封装。

3）电学性能优良。CSP 内部的芯片与封装外壳布线间的互连线的长度比 QFP 或 BGA 短得多，寄生引线电阻、寄生引线电感以及寄生引线电容均很小，从而使信号传输延迟时间大为缩短，有利于改善电路的高频性能。

4）散热性能好。CSP 封装体通过焊球与 PCB 连接，由于接触面积大，所以在运行时产生的热量可以很容易地传导到 PCB 上并散发出去。同时 CSP 芯片很薄，焊接在 PCB 上时芯片正面朝下，芯片运行时产生的热可以通过背面传到外界进行散热，通过空气对流或安装散热器的办法可以对芯片进行有效的散热，而且散热效果良好。

5）重量轻。它的重量小于相同引线数的 QFP 的 1/5，比 BGA 的少得更多。这对于航空、航天以及对重量有严格要求的产品是极为有利的。

6）测试、老化筛选容易。跟其他封装类型的电路一样，它可以进行全面的测试、老化筛选，因而可以淘汰掉早期失效的电路，提高了电路的可靠性。另外，CSP 也可以是气密封装的，因而可保持气密封装电路的优点。

7）无须填充料。大多数 CSP 封装中凸点和热塑性黏着剂的弹性很好，不会因为晶片与基底热膨胀系数不同而造成应力，因此可以不用在底部填充料，省去了填料时间和填料费用。同时其输入/输出端（焊球、凸点或金属条）是在封装体的底部或表面，适用于表面安装。

2. CSP 的结构和分类

CSP 的实质就是将 IC 芯片的引脚进行加工，以适应现代封装的需要。

CSP 的主要结构由四部分组成：IC 芯片、互连层、焊球（凸点或焊柱）和保护层，其典型结构如图 5-18 所示。互连层是通过自动焊接、引线键合、倒装芯片焊接等方法来实现芯片与焊球之间内部连接的，是 CSP 封装的关键组成部分。从工艺上看，CSP 主要分为 5 种类型：柔性基板封装（Flex Circuit Interposter）、刚性基板封装（Rigid Substrate Interposer）、引线框架封装（Custom Lead Frame）、晶圆级封装（Wafer Level Package）和薄膜型封装。

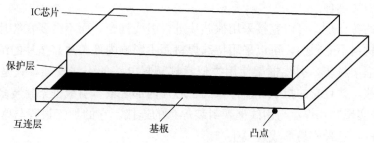

图 5-18　CSP 典型结构

（1）柔性基板封装　该类 CSP 采用与 PI 或者 TAB 工艺中相似的带状材料做垫片，内层互连采用 TAB/倒装式和内引线键合式。柔性垫片的特点是互连层在垫片的一个面，焊球穿过垫片与互连层相连。

1）TAB/倒装式。在柔性基板四周引出悬梁臂，用于与芯片上相应的引出点互连，实现 TAB/倒装焊接，然后在柔性垫片中间种植阵列方式排布的焊球。

这种方式的特点是工艺比较简单，引脚数较少时容易实现；可以利用常规工艺实现悬梁臂与芯片相应引脚的焊接；焊接也可以采用常规低熔焊料回流完成，因此组装时的焊接不会影响芯片上的焊接性能。

采用倒装键合的柔性基板封装工艺流程为：晶圆片→二次布线（焊盘再分布）→（减薄）形成凸点→划片→倒装键合→模塑包封→（在基片上安装焊球）→测试、筛选→激光打标。

采用 TAB 的柔性基板封装工艺流程为：晶圆片→（在圆片上制作凸点）减薄、划片→内焊点键合（把引线键合在柔性基板上）→引线切割成形→外焊点键合→模塑包封→（在基板上安装焊球）→测试→筛选→激光打标。

2）内引线键合式。在柔性垫片四周布置与芯片互连的键合点，同时，在柔性垫片上种植供组装用的焊球，垫片内层可采用柔性导带布线，实现键合点与焊球的互连，然后将芯片贴装在柔性垫片上，采用常规的工艺完成芯片与柔性垫片的互连。

这种方式的特点是对引脚数由低到高的芯片都适用，柔性垫片上进行多层布线可能比较复杂，采用回流焊贴装时不会影响键合点的性能。

采用内引线键合的柔性基板封装工艺流程为：圆片→减薄、划片→芯片键合→内引线键合→模塑包封→（在基片上安装焊球）→测试、筛选→激光打标。

（2）刚性基板封装　这种 CSP 用树脂和陶瓷做垫片，与柔性垫片不同的是，刚性垫片的 CSP 布线是通过多层陶瓷叠加或经通孔与外层焊球互连的。这种 CSP 有倒扣式和引线键合式两种方式。

刚性基板的封装工艺流程与柔性基板的基本相同，只是由于采用不同的基板，在具体操作时会有一些区别。

1）倒扣式。这种方式需要在芯片上先做好凸点，同时在垫片上布线，然后进行凸点倒扣焊接或超声热压焊接。布线可以采用薄膜，也可以采用厚膜。

这种方式的特点是：对芯片上的凸点，应该选择高熔点的焊接材料；而在组装时，焊球可以采用低熔点的焊料进行回流，这样可以直接应用于 SMT 等组装方式。

2）引线键合式。先制作多层布线的垫片，然后将常规的 IC 芯片放在垫片上，再采用常规的方法进行引线键合。

这种方式的特点是：可以直接采用裸芯片进行引线键合，而不需要在芯片上增加其他工艺。垫片上的材料不受限制，可以采用特殊焊料而不影响内部芯片与垫片的结合。

（3）引线框架封装　引线框架使用类似常规塑封电路的引线框架，只是它的尺寸要小些，厚度也薄些，并且它的指状焊盘伸入到了芯片内部区域。引线框架封装多采用引线键合（金丝球焊）来实现芯片焊盘与引线框架封装焊盘的连接。它的加工过程与常规塑封电路加工过程完全一样，且最容易形成规模生产。

由于引线框架的尺寸小且薄，因此，对操作就有一些特别的要求，以免造成框架变形。

引线框架封装工艺流程如下：

圆片→减薄、划片→芯片键合→引线键合→模塑包封→电镀→切筛、引线成形→测试→筛选→激光打标。

引线框架封装也有两种方式，分别是 TAB/倒扣式和引线键合式。

1）TAB/倒扣式。首先在引线框架的焊接端制作凸点，然后采用热超声将框架与常规 IC 裸芯片进行焊接，这种方式目前应用并不广泛。

2）引线键合式。这种 CSP 主要用于低引脚数的场合，也采用常规 IC 裸芯片进行键合组装，而不需要对芯片进行再加工，凸点或焊球可以做在成形引线框架底端，以适应常规组装方式。

（4）晶圆级封装 晶圆级封装是先在晶圆片上利用芯片之间较宽划片槽，在其中构造互连；随后利用玻璃、树脂和陶瓷等材料进行封装，并以晶圆片的形式进行测试、老化筛选；最后再将晶圆片分割成单一的 CSP 电路。

晶圆级封装工艺流程分两种：

1）再分布式。它是在晶圆片上直接采用薄膜方式进行引脚再分布，I/O 引脚位置可以直接按照扇入阵列格式任意设定。这种方式可以不用垫片或衬底，可以使用标准的表面贴装的焊接与组装设备。

2）塑模基片式。它是将整个芯片浇铸在树脂上，只留下外部接触点。这种结构可以实现很高的引脚数，有利于提高芯片的电学性能，减小封装尺寸，提高可靠性。

（5）薄膜型封装 与以往的芯片相比较，由于无引线框架键合线，故容易实现小型化。基本结构示意图如图 5-19 所示。

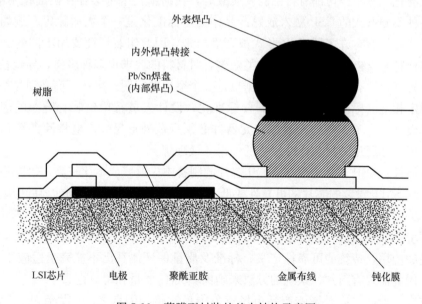

图 5-19　薄膜型封装的基本结构示意图

由图 5-19 可以看出，电气连接由芯片上的电极和焊凸通过芯片金属布线导通，金属布线层以薄膜工艺制作形成，作为外表引脚的焊凸电极可配置在任意位置，所以较容易实现封装标准化。由于无键合线，芯片上的电极可以设计得很小，使 CSP 更易小型化。

薄膜型封装的布线工艺是在半导体制造的后工序中完成的，它采用薄膜工艺形成金属布线图和 Pb/Sn 焊盘，其中以聚酰亚胺作为缓冲膜，目的是减小封装树脂的应力。Pb/Sn 焊盘的形成可以采用传统的方法，因而可以实现低成本化，焊料选用 95Pb/5Sn（熔点约为 310℃）。

薄膜型封装的装配工艺由内部焊凸键合、树脂封装、焊凸转换、外表焊球引脚形成等四道工序组成。其中内部焊凸键合工序是在辅助基座上以布线图案方法用聚酰亚胺树脂黏着 Cu 焊凸，然后与已完成金属布线层的芯片以倒装的方式在 $H_2 + N_2$ 气氛中加助焊剂热熔键合。焊凸转换工序是将已用树脂封装的芯片脱离基座，然后剥离黏着 Cu 焊凸的聚酰亚胺膜，使已与芯片固焊的 Cu 焊凸成为片内电极，然后以印刷法等传统方法形成外表引脚焊球。

从上面的工艺分析可以看出，目前这几种 CSP 制作方式大都是利用常规的 IC 裸芯片进行加工，在垫片上对引脚进行阵列式重新布局。虽然有的在垫片上布线，有的在晶圆上布线，但大都采用了薄膜方式进行多层或单层布线；在焊接工艺上，虽然也有多种多样的方式，但并没有超出常规焊接工艺中常用的方法。

3. CSP 应用问题

CSP 封装由于具有"短、小、轻、薄"的特点，因此在便携式、低引脚数、低功率产品中最先获得应用，闪存是大量采用 CSP 技术的产品。

尽管 CSP 作为一种新型的封装技术拥有众多的优点，但难免存在一些不完善之处。

（1）标准化　每个公司都有自己的发展战略，任何新技术都会存在标准化不够的问题。尤其是当各种不同形式的 CSP 融入成熟产品中时，标准化是一个大的障碍。例如，对于不同尺寸的芯片，目前有许多种 CSP 形式被开发出来，因此组装厂商要用不同的管座和载体等各种基础材料来支撑。由于元器件种类众多，对材料的要求也多种多样，导致技术上的灵活性很差。另外，没有统一的可靠性数据也是一个突出的问题。生产厂商必须尽快提供可靠性数据以制定相应的标准，CSP 迫切需要标准化，设计人员希望封装有统一的规格，而不必进行个体设计，为了实现这一目标，元器件必须规范外形尺寸、电特性参数和引脚面积等，只有采用全球通用的封装标准，它的效果才最理想。

（2）可靠性　CSP 常常应用在 VLSI 芯片的制备中，返修成本比较高，CSP 系统的可靠性比采用传统 SMT 封装的芯片的可靠性要低，即 CSP 系统更容易受到外界的影响，因此可靠性问题至关重要。虽然相关产业（例如汽车及电子工业产品）对封装要求不高，但要能适应恶劣的环境，如在高温、高湿条件下工作，可靠性就是一个主要的问题。另外，随着新材料、新工艺的应用，传统的可靠性定义、标准及质量保证体系已不能完全适应于 CSP 的开发和制造，因此需要有新的、系统的方法来确保 CSP 的质量和可靠性。

（3）成本　价格始终是影响产品市场竞争力最敏感的因素之一。尽管从长远来看，更小、更薄、高性价比的 CSP 封装成本比其他封装每年下降的幅度都要大，但在短期内攻克成本这一发展障碍仍是一个较大的挑战。

此外，还存在着设备如何与 CSP 配套的问题，例如，细节距、多引脚的 PCB 微孔板技术与设备开发，CSP 在板上的通用安装技术等，也是目前 CSP 厂商需要迫切解决的问题。

通过以上分析可以看出，虽然目前 CSP 技术依然存在一些问题，但从长远发展来看，CSP 技术终将成为最具性价比的封装。

4. 发展趋势

终端产品的尺寸会影响便携式产品的市场，同时也驱动着 CSP 的市场。要为用户提供性能最高和尺寸最小的产品，顺应电子产品小型化的发展潮流，CSP 是最佳的封装形式。IC 厂商正致力于开发 0.3μm 甚至更小的、具有尽可能多的 I/O 引脚数的 CSP 产品。由于封装形式各有千秋，实现封装的优势互补及资源有效整合是目前可以采用的快速、低成本的提高 IC 产品性能的一条途径。例如在同一块 PCB 上根据需要同时采用 SMT、DCA、BGA、CSP 封装形式，目前这种技术正在受到重视。

对高性价比的追求是晶圆级封装 CSP 产品被广泛应用的动力。近年来，WLP 封装技术因其寄生参数小、性能高、尺寸更小且成本不断下降的优势，越来越受到业界的重视。WLP 从晶圆片开始到做出元器件，整个工艺流程一起完成，并可利用现有的标准 SMT 设备，生产计划和生产组织可以做到最优化。硅加工工艺和封装测试可以在硅片生产线上进行而不必把晶圆送到别的地方去进行封装测试，测试可以在切割 CSP 封装产品之前一次完成，因而节省开支。

CSP 封装拥有众多 TSOP 和 BGA 封装所无法比拟的优点，它代表了微小型封装技术发展的方向，一方面，CSP 将继续巩固在存储器中的应用并成为高性能内存封装的主流；另一方面，会逐步拓展新的应用领域，尤其在数字信号处理、网络、混合信号和射频领域、专用集成电路、电子显示屏等方面将会大有作为。此外，CSP 在无源元件的应用也正在受到重视，研究表明，CSP 封装的电阻、电容网络由于减少了焊接连接线，封装尺寸大大减小，且可靠性明显得到改善。

5.5.5　倒装芯片技术

常规芯片封装流程中包括贴装和引线键合两种，而倒装芯片技术则合二为一，它直接通过芯片上呈阵列排布的凸点来实现芯片与封装衬底（或电路板）的互连。由于芯片是倒扣在封装衬底上的，与常规封装芯片的放置方向相反，因此称为倒装芯片（Flip Chip，FC）。

与常规的引线键合相比，倒装芯片技术由于采用了凸点结构，互连长度更短，互连线电阻、电感值更小，封装的电性能改善明显。此外，芯片中产生的热量还可以通过焊料凸点直接传输至封装衬底，芯片衬底加装散热器是常用的散热方式。

倒装芯片技术最主要的优点是拥有最高密度的 I/O 数，这是其他两种芯片互连技术 TAB 和 WB 所无法比拟的，这要归功于倒装芯片的焊盘阵列排布，它是将芯片上原本是周边排布的焊盘进行再布局，最终以阵列方式引出。采用这种方式可以获得直径 25μm、中心间距 60μm 的 128×128 个凸点。与 BGA 一样，它要求多层布线封装衬底与之匹配。

倒装芯片技术的组装工艺与 BGA 类似，其关键是芯片凸点与衬底焊盘的对位。凸点越小、引距越小，对位越困难，通常需要借助专用设备来精确定位，但对焊料凸点来说，由于焊料表面张力的存在，焊料在回流过程中会出现一种自对准现象，使凸点和衬底焊盘自对准，即使两者之间存在较大的位置偏差，通常都不会影响倒装芯片的对位。

倒装芯片技术既是一种高密度芯片互连技术，又是一种理想的芯片贴装技术，正因为如此，它在 CSP 及常规封装中都得到了广泛的应用。

1. 倒装芯片技术的工艺与分类

与传统的表面贴装元器件不同，倒装芯片元器件没有封装外壳，横穿整个管芯表面的互连阵列代替了周边线焊的焊盘。管芯以翻转的形式直接安置在板上或向下安装在有源电路上面。由于取消了对周边 I/O 焊盘的需要，互连线的长度被缩短了，这样可以在没有改善元器件信号传输速度的情况下，减少 RC 延迟时间。

倒装芯片技术有三种主要的连接形式：①可控塌陷芯片连接（C4）；②直接芯片连接（Direct Chip Attach，DCA）；③黏结剂连接。

（1）可控塌陷芯片连接 C4 技术是一种超精细节距的 BGA 形式。管芯具有 97Pb/3Sn 球栅阵列，在 $0.2 \sim 0.254$mm 的节距上，一般所采用的焊球直径是 $0.1 \sim 0.127$mm，焊球可以安装在管芯的四周，也可以采用全部或局部的阵列配置形式。使用 C4 技术的倒装芯片，通常连接到具有金或锡连接焊盘的陶瓷基片上面，这主要是因为陶瓷能够忍受较高的再流焊温度。

倒装芯片形成元器件不能使用标准的装配工艺进行装配操作，因为 97Pb/3Sn 再流焊焊接温度为 320℃，对于 C4 而言，目前尚没有其他的焊料可以使用。代替焊膏的高温焊剂被涂布在基片的焊盘或焊球上面，元器件的焊球被安置在具有焊剂的基片上，元器件不发生移动现象。装配时的再流焊温度大约在 360℃，此时焊球发生熔化从而完成互连。当焊料发生融化时，管芯利用其自身拥有的易于自动对准的能力与焊盘连接，这种方式类似于 BGA 组件。焊料塌陷到所控制的高度时，形成了桶形互连形式。

对于 C4 元器件而言，进行大批量生产时应用的主要是陶瓷球栅阵列和陶瓷圆柱栅格阵列组件的装配。C4 元器件的主要特点包括：①组件具有优异的热性能和电性能；②在中等焊球节距的情况下，能够支持极大的 I/O 数量；③不存在 I/O 焊盘尺寸的限制；④通过使用群焊技术，可进行大批量可靠的装配；⑤可以实现最小的元器件尺寸和质量；⑥提供最短的、最简单的信号通路；⑦降低界面的数量，可以减小结构的复杂程度，提高其固有的可靠性。

（2）直接芯片连接 DCA 也是一种超微细节距的 BGA 形式，管芯与 C4 所描述的一样，DCA 和 C4 的不同之处在于所选择的基片不同。DCA 基片所采用的一般是用于 PCB 的典型材料，所采用的焊球是 97Pb/3Sn，与之相连的焊盘采用的是低共熔点焊料（37Pb/63Sn）。为了能够满足 DCA 的应用需要，低共熔点焊料不能通过模板印刷施加到焊盘上面，这是因为它们的节距极细（$0.2 \sim 0.254$mm）。PCB 上的焊盘必须在装配以前涂覆上焊料，焊盘上的焊料多少非常关键，$0.05 \sim 0.127$mm 厚的焊料被释放在焊盘上面，焊料呈现出半球形状，在贴装之前必须使元器件平整，否则焊球不能够可靠地安置在半球形的表面上。为了能够满足标准的再流焊接工艺流程，直接芯片连接技术混合采用具有低共熔点焊膏的高锡含量凸点。

直接芯片连接技术形成的元器件能够使用标准的表面贴装工艺进行装配，施加到管芯的焊剂与在 C4 中采用的相同，在 DCA 装配时所采用的再流焊温度大约为 220℃，低于焊球的熔化温度而高于连接焊盘上的焊料熔化温度。在管芯上的焊球起到了刚性支撑作用，焊料填充在焊球的四周，因为这是在两个不同的焊料之间形成的互连，在焊球与焊盘连接处两种焊料之间的界面将消失，在互相扩散的区域形成光滑的梯度。通过刚性支撑，管芯不会像 C4 那样发生塌陷现象，但是特有的趋于自我校准的能力仍然保持不变。

（3）黏结剂连接　黏结剂连接可以具有很多形式，它用黏结剂来代替焊料，将管芯与下面的有源电路连接在一起。黏结剂可以采用各向同性导电材料、各向异性导电材料，或者根据贴装情况采用非导电材料。另外，黏结剂可以贴装陶瓷、PCB 基板、柔性电路板和玻璃材料，这项技术的应用非常广泛。

2. FC 的凸点技术

FC 基本上可以分为焊料凸点 FC 和非焊料凸点 FC 两类。其基本结构是一样的，即每一个 FC 都是由 IC 芯片、过渡金属层（Under Bump Metallurgy，UBM）和凸点（Bump）组成。图 5-20 为一个典型的焊料凸点结构示意图。

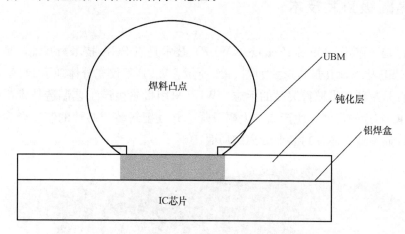

图 5-20　典型的焊料凸点结构示意图

UBM 是芯片焊盘与凸点之间的金属过渡层，主要起黏附与扩散阻挡的作用，它通常由黏附层、扩散阻挡层和浸润层等多层金属膜组成。凸点则是 FC 与 PCB 电连接的唯一通道。

（1）UBM 的制作　能用来制作 UBM 的材料很多，主要有 Cr、Ni、V、Ti/W、Cu 和 Au 等。制作 UBM 的方法最常用的有溅射、蒸发、电镀和化学镀等。其中采用溅射、蒸发和电镀工艺制作 UBM 需要较大的设备投入，成本高，但其生产效率比较高；而采用化学镀方法，则成本低很多，将成为今后的发展方向，目前使用较广泛的 Ni/Au UBM 采用的就是化学镀方法。

（2）几种不同的凸点　凸点大致可以分为焊料凸点、金凸点和聚合物凸点三大类。

1）焊料凸点。凸点材料为含铅焊料，一般有高 Pb（90Pb/10Sn）和共晶（37Pb/63Sn）两种。

2）金凸点。凸点材料可以是 Au 和 Cu，通常采用电镀方法形成厚度为 $20\,\mu m$ 左右的 Au 或 Cu 凸点，Au 凸点还可以采用金丝球焊的方法形成。

3）聚合物凸点。采用导电聚合物制作凸点，设备和工艺相对简单，是一种高效、低成本的凸点制作技术。

由于组装工艺简单，焊料凸点技术应用较为广泛。金凸点虽然制作工艺比焊料凸点简单，但组装中需要专门的定位设备和专用黏结材料，因此多用于产品研发阶段。

（3）焊料凸点的制作　焊料凸点因为其优良的电性能、热性能和组装简便等优点，吸引了业界的广泛关注，厂家在不断地开发各种各样的凸点制造技术。其中电镀凸点是最常用的凸点制造技术。印刷凸点实际是 SMT 工艺中的丝网印刷技术，采用该方法印刷焊料凸点，节距通常为 0.254～0.304mm，这就对丝网、刮刀及印刷机提出了更高的要求。喷射凸点是一种创新的焊料凸点形成技术，它借鉴了打印机技术中广泛使用的喷墨技术，熔融的焊料在一定压力作用下，形成连续的焊料滴，通过静电控制，可以使焊料滴精确地滴落在所需位置，该技术制作焊料凸点具有极高的效率，喷射速度可高达 44000 滴/s。

5.5.6　晶圆级封装技术

晶圆级封装（Wafer Level Package，WLP）技术是以 BGA 技术为基础，是一种经过改进和提高的 CSP 技术，其封装形式如图 5-21 所示。WLP 不仅充分体现了 BGA 和 CSP 的技术优势，而且是封装技术取得突破的标志。WLP 采用批量生产工艺制造技术，可以将封装尺寸减小到 IC 芯片的尺寸，生产成本大幅下降，并且把封装与芯片的制造融为一体，这将彻底改变芯片制造业与芯片封装业分离的局面。

图 5-21　晶圆级封装形式

一般来说，IC 芯片与外部的电气连接是金属引线以键合的方式把芯片上的 I/O 连至封装载体并经过封装引脚来实现的。IC 芯片上的 I/O 通常分布在周边，随着 IC 芯片尺寸的减小和集成规模的扩大，I/O 节距不断减小，数量不断增多。当引脚节距减小至 $70\,\mu m$ 以下时，引线键合技术不再适用。而 WLP 技术利用薄膜再分布工艺，使 I/O 分布在 IC 芯片的整个表面上而不再仅仅局限于窄小的 IC 芯片的四周区域，从而成功地解决了上述高密度、细节距 I/O 芯片的电气互连问题。

晶圆级封装以晶圆片为加工对象，直接在芯片上同时对众多芯片封装、老化、测试，封装的全过程都在晶圆片生产厂内运用芯片的制造设备完成，使芯片的封装、老化、测试完全融合在芯片的生产过程中。封装好的晶圆片经切割得到单个 IC 芯片，可以直接贴装到基板或印制电路板上。由此可见，晶圆级封装技术是真正意义上的批量生产芯片技术。

晶圆级封装是尺寸最小的低成本封装技术，低成本的原因主要有以下几点：①它是以批量生产工艺进行制造的；②晶圆级封装生产设备费用低，因为它可以充分利用芯片的制造设备，无需另外投资；③晶圆级封装的芯片设计和封装设计可以统一考虑，同时进行，这将提高设计效率，减少设计费用；④晶圆级封装从芯片制造、封装、测量到出厂，再到用户手中的整个过程中，中间环节大大减少，周期缩短，也将导致成本的降低。

1. WLP 的两个基本工艺

晶圆级封装主要采用薄膜再分布技术、凸点制作技术两大类技术，前者用来把沿芯片周边分布的铅焊区转换为在芯片表面上按平面阵列形式分布的凸点焊区，后者用于在凸点焊区上制作凸点，形成球栅阵列。

（1）薄膜再分布技术　薄膜再分布技术是指在 IC 晶圆片上，将各个芯片按周边分布的 I/O 铅焊区，通过薄膜工艺的再布线，变换成整个芯片上的阵列分布焊区并形成焊料凸点的技术。它不仅生产成本低，而且能完全满足批量生产便携式电子装置板级可靠性标准的要求，是目前应用最广泛的一种晶圆级封装技术。

常规 IC 工艺制成的 IC 晶圆片，经探针测试、分类并给出相应的标记以后，就可以用于晶圆级封装。首先要对 IC 芯片的设计布局进行分析与评价，以保证满足阵列焊料凸点的各项要求。其次，要进行再分布布线设计，再分布布线设计分为初步设计和改进设计两个阶段进行，初步设计是将芯片上的 I/O 铅焊区通过布线再分布为阵列焊区，目的在于证实晶圆级封装的可行性，按初步设计制造的晶圆级封装，在设计、结构、成本等方面不一定是最佳的，晶圆级封装的可行性得到验证之后，就可以将初步设计阶段转入改进设计阶段；在改进设计阶段，要对初步设计进行改进，重新设计信号点、电源线和接地线，简化工艺过程和设备操作，以求获得生产成本最低的再分布布线设计。薄膜再分布布线技术的具体工艺过程比较复杂，而且随着 IC 芯片的不同而有所变化，但一般都包括以下几个工艺步骤：①在 IC 芯片上涂覆金属布线层间介质材料；②淀积金属膜并用光刻方法制备金属导线和所连接的凸点焊区，这时 IC 芯片周边分布的、小至几十微米的铅焊区转换为阵列分布的几百微米的大焊区，而且铅焊区与凸点焊区之间有金属导线的连接；③在凸点焊区淀积 UBM（凸点与金属焊区的金属层）；④在 UBM 上制作凸点。

（2）凸点制作技术　焊料凸点通常为球形。制备球栅阵列的方法一般有三种：①预制焊球；②丝网印刷；③电化学淀积（电镀）。

当焊球节距大于 $700\mu m$ 时，一般采用预制焊球的方法。丝网印刷方法通常用于焊球节距约为 $200\mu m$ 的场合。电化学淀积方法可以在光刻技术能分辨的任何节距下淀积凸点。因此电化学淀积方法比其他方法能获得更小的凸点和更大的凸点密度。采用上述三种方法制备的焊料凸点往往都须经回流焊形成规定的标准焊球。

晶圆级封装是一种表面贴装技术，对凸点阵列有严格的工艺要求。首先，在芯片和晶圆范围内，焊球的高度要保持一致，以获得良好的焊球共面。只有共面性好，才能使晶圆级封装的各个焊球与印制电路板之间形成可靠的焊点连接。其次，焊球的合金成分要均匀，不仅要求单个焊球的成分要均匀，而且要求各个焊球的成分也均匀一致；同时，焊球的材料成分均匀性好，焊球的一致性要好。焊点连接的可靠性对焊球的直径有一定的要求，对于节距为 $0.75\sim0.8mm$ 的 IC 元器件而言，焊球的直径通常为 $0.5mm$，当节距减小到 $0.5mm$ 时，焊球直径将减小到 $0.3\sim0.35mm$。

2. WLP 的优点和缺点

WLP 的加工过程决定了它具有以下优点：①封装效率高，因为 WLP 是在整个晶圆片上完成封装的，可对一个或几个晶圆片同时加工，在保证成品率的情况下，晶圆片的直径越大，加工效率就越高，单个元器件的封装成本就越低。②短、小、轻、薄。首先 WLP 是直接由晶圆片切割分离而成的封装，不可能有引出端横向伸展到管芯外形之外，因此封装所占的面积基本上等于管芯面积，因此晶圆级封装也称为晶圆级芯片尺寸封装；其次，WLP 一级封装内的互连线不能使用通常的引线键合，而是直接从管芯焊盘上制作 I/O 引出端，将管芯上窄节距、密排列的焊盘再分布为封装上面阵列的 I/O 焊盘，WLP 封装的 I/O 引出端通常都在芯片的有源器件面，因此 WLP 都是在印制电路板上面朝下倒装焊接的，属于倒装焊的一种。它与倒装焊的区别在于倒装焊通常是焊接裸芯片，但它可以作为一级封装。③引线电阻、电感和电容等小，因为 WLP 从芯片的 I/O 焊盘到封装引出端的距离小，而引出端又在芯片的下方。④工艺设备兼容。WLP 的制作都是在现有硅生产工艺线上进行的，只需要对现有设备进行简单改进以适应这类厚光刻胶、厚膜电镀、芯片上引线再分布和窄节距等即可。⑤WLP 符合目前 SMT 的潮流，可使用标准的 SMT 进行下一级的封装。

WLP 的缺点主要有以下几点：①封装引出端不能太多，因为 WLP 的所有外引出端不能扩展到管芯外形之外，而只能分布在管芯有源器件一侧的面内，通常采用焊料凸点的 I/O 引脚数为 4~100 个，而采用 FC 形式的引脚数为 8~400 个。②标准化比较差，具体的结构形式、封装工艺、制成设备等都有待优化，所以标准化不统一，影响其更快地推广。③可靠性数据的积累尚有限，影响使用扩大。④成本高，如何进一步降低其成本是目前很多厂家努力的方向。

5.5.7 多芯片组件封装与三维封装技术

随着便携式电子设备系统复杂性的增加，对 VLSI 的低功率、轻型及小型封装的生产技术提出了越来越高的要求。同样，许多航空和军事应用也正在朝这个方向发展。为满足这些要求，在平面二维封装的基础上，将裸芯片沿 z 轴叠层在一起进行封装，已在小型化方面取得了极大的改进。同时，由于三维封装中垂直互连线总互连长度更短，降低了寄生性的电容、电阻和电感，因而系统功耗可降低大约 30%。

1. 多芯片组件封装

多芯片组件（MultiChip Module，MCM）封装使用多层连线基板，再以打线键合、TAB 或 C4 键合方法将一个以上的 IC 芯片与基板连接，使其成为具有特定功能的组件，其主要优点包括：①可大幅度提高连线密度，增进封装效率；②可完成短、小、轻、薄的封装设计；③封装的可靠性得到提升。

与 SMT 相比较，采用 MCM 封装时两个相邻 IC 元器件之间的信号传输仅经过 3 条导线，而使用 SMT 则需要经过 9 条导线，如图 5-22 所示。减少信号经过的导线数目可以降低封装连线缺陷发生的机会，可靠性因此获得提升。

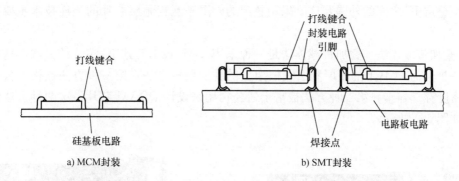

a) MCM 封装　　　　　　　b) SMT 封装

图 5-22　MCM 封装与 SMT 封装信号传输经过的导线对比

2. MCM 封装的分类

MCM 封装技术可以概括为多层互连基板的制作与芯片连接技术两大部分。多层互连基板可以是陶瓷、金属或高分子材料等，利用厚膜、薄膜或多层陶瓷共烧技术等制成多层互连结构；芯片连接可以用打线键合、TAB 或 C4 技术完成。按照工艺方法和基板材料的不同，可以将 MCM 分为以下三类：

1）MCM-C 型。C 代表 Ceramics，基板为绝缘层陶瓷材料，导体电路则由厚膜印刷技术制成，再以共烧的方法制成基板。

2）MCM-D 型。D 代表 Deposition，以淀积薄膜的方法将导体与绝缘层材料交替叠成多层连线基板，MCM-D 型封装可以视为是薄膜封装技术的应用。它使用低介电系数的高分子材料为绝缘层，因此可以做成体积小但电路密度极高的基板，它也是目前电子封装行业极力研究并开发的技术。

3）MCM-L 型。L 代表 Laminate，多层互连基板以印制电路板叠合的方法制成。

共烧型多层陶瓷基板是目前 MCM 封装中比较成熟的基板技术，可制备多达数十层的陶瓷基板以供 IC 芯片与信号端点连接。陶瓷基板使用的氧化铝材料具有较高的介电系数，对基板的电气特性（尤其是高频电路）有不良的影响；氧化铝烧结过程中的收缩对成品率的影响及基板材料准备过程复杂，使得这一技术有较高的成本；某些陶瓷材料的低热传导率与低挠曲性也是影响其应用的原因之一；厚膜网印技术使得电路至少具有 $100\,\mu m$ 以上的线宽，同时使用的钨或钼导体膏材料具有的电阻率较高而易导致信号漏失。

MCM-L 型封装使用印制电路板叠合的方法制作传导基板，所得的结构尺寸规格在 $100\,\mu m$ 以上，MCM-L 的封装成本低，且电路板制作也是极成熟的技术，但它有低热传导率和低热稳定性的缺点。MCM-D 型封装使用硅或陶瓷等材料为基板，以低介电常数的高分子绝缘材料与铝、铜等导体薄膜交替叠成传导基板，MCM-D 型封装能提供最高的连线密度及优良的信号传输特性，但目前在成本与产品合格率方面仍然有待进一步改进。

3. 三维封装技术的垂直互连

三维封装是指芯片在 z 轴方向的垂直互连结构，下面简单介绍几种不同类型的垂直互连技术。

（1）叠层 IC 之间的外围互连　采用叠层的外围来互连叠层芯片的互连技术主要有以下几种。

1）叠加带载体法。叠加带载体法是一种采用 TAB 技术互连 IC 芯片的方法，这种方法可以进一步分为 PCB 上的叠层和引线框架上的叠层两种方法：第一种方法被松下公司用来设计高密度存储器卡，第二种方法被富士通公司用来设计 DRAM 芯片。这两种方法的结构示意图如图 5-23 所示。

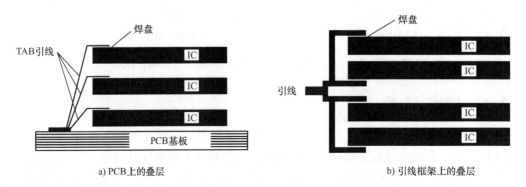

a) PCB 上的叠层　　　　　　　　　　　　b) 引线框架上的叠层

图 5-23　叠加带载体法的两种连接方式

2）焊接边缘导带法。焊接边缘导带法是一种通过焊接边缘导带来实现 IC 间垂直互连的工艺，这种方法有四种形式：①在边缘上形成垂直互连导带的焊料浸渍叠层法，这种方法用静电熔化了的焊料槽对叠层 IC 芯片引线进行同时连接。②芯片载体和垫片上的焊料填充通孔法，这种方法用一种导体材料对载体和垫片上的通孔进行填充互连叠层 IC。③镀通孔之间的焊料连接法，这种方法先用 TAB 引出 IC 引线，然后利用内有通孔的被称之为 PCB 框架的小 PCB 互连 IC 引线，利用这些通孔并采用焊接键合技术来重叠引线框架就能实现垂直互连。④边缘球栅阵列法，采用这种方法将焊球沿芯片边缘分布，通过再流焊将芯片装在基板的边缘。

3）立方体表面的薄膜导带法。薄膜是一层在真空中蒸发或溅射在基板上的导电材料，立方体表面的薄膜导带是一种在立方体表面形成垂直互连的方法，这种方法有以下两种形式：①薄膜 T 形连接和溅射金属导带法，这种方法的 I/O 信号被重新布线到芯片的一侧后，在叠层芯片的表面形成薄膜金属层的图形，然后，在叠层的表面进行剥离式光刻和溅射沉积两种工艺以形成焊盘和总线，这就形成了所谓的 T 形连接。②环氧树脂立方体表面上的直接激光描入导线法，这种方法用激光调阻在立方体的侧面形成互连图形，互连图形和 IC 导带截面交叉在立方体的表面上。

4）立方体表面的互连线基板法。这种方法将一块分离的基板焊接在立方体的表面，具体有以下三种形式：①焊接在硅基板凸点上的 TAB 阵列法，这种方法用于超高密度存储器的设计，通过重新布线 TAB 键合的存储器芯片上的 I/O 就可以实现垂直互连，然后将一组芯片进行叠层以实现三维叠层，再将这些叠层贴放在硅基板上并排成一行，使叠层底部的 TAB 引线与基板上焊料凸点焊盘连接在一起。②键合在叠层表面的倒装芯片法，这种方法在 MCM 叠层前就将其互连引线引到一个金属焊盘的侧面，然后用倒装焊技术将 IC 芯片键合到金属焊盘上。③焊盘在 TSOP 外壳两侧的 PCB 法，这种方法将两个 PCB 焊接在叠层 TSOP 外壳的两侧以形成垂直互连，然后使 PCB 引线成形以形成双列直插式组件。

5）折叠式柔性电路法。在折叠式柔性电路中，先将裸芯片安装互连到柔性材料中，然后再将裸芯片折叠起来以形成 3D 叠层。

6）丝焊叠层芯片法。这种方法使用丝焊技术以形成互连，该方法有两种不同的形式：①直接丝焊到 MCM 基板上，采用丝焊技术将叠层芯片焊接到一块平面 MCM 基板上，这种技术被用来设计高密度固态记录器和高密度存储器模块。②通过 IC 丝焊到基板上，母芯片充当子芯片的基板，互连由子芯片接到母芯片基板表面的焊盘上，这种技术被用到某些医疗应用中。

（2）叠层 IC 之间的区域互连　叠层 IC 之间的区域互连有以下三种方式。

1）倒装芯片焊接叠层芯片法（不带有垫片）。这种方法用焊接凸点技术将叠层 IC 芯片倒装并互连到基板或另一芯片上。IBM 公司用此法来设计高密度元器件。

2）倒装芯片焊接叠层芯片法（带有垫片）。这种方法与不带垫片的方法类似，它只是用垫片来控制叠层芯片之间的距离。

3）微桥弹簧与热迁移通孔法。微桥弹簧法用微型弹簧以实现叠层 IC 芯片之间的垂直互连。这种方法被应用于 3D 并行计算机的设计中以实时处理数据及图像。

（3）叠层 MCM 之间的外围互连　叠层 MCM 之间的外围互连方法指的是叠层 MCM 之间的垂直互连在叠层的外围实现，主要有以下五种形式。

1）焊接边缘导带法。这种方法与叠层间 IC 的外围互连中的焊接边缘导带法类似，所不同的是，它的垂直互连是在 MCM 间而不是在 IC 之间实现的，主要有两种不同的实现形式：①在边缘上形成垂直互连的焊料浸渍叠层法，这种方法利用 MCM 形成叠层，这项技术被用于研制超高速导弹的导航系统。②叠层 MCM 的焊接引线法，每个 MCM 单独封装后，用引线将其叠加起来待安装。由于基板底部的引线像一个四边引出扁平封装，这种方法又被称为叠层 QFP 式 MCM。

2）立方体表面上的薄膜导带法，即叠层边的高密度互连（HDI）法，它是指在基板叠层的两边采用同样高密度工艺以实现垂直互连，将芯片两边叠层，然后用电镀光刻胶的化学工艺形成图形。

　　3）齿形盲孔互连法。这种方法在半圆形或皇冠形金属化表面制造 MCM 之间的垂直互连。

　　4）弹性连接器法。这种方法使用弹性连接器来实现叠层 MCM 之间的垂直互连。

　　(4) 叠层 MCM 之间的区域互连　采用叠层 MCM 之间的区域互连方法，叠层元器件间的互联密度更高，叠层 MCM 之间的互连没有键合在叠层周围，MCM 通孔连接法就是区域互连的一种具体方法，这种方法主要有四种形式。

　　1）塑料垫片上的模糊按钮和基板上的填充通孔法。这种方法用一层被称为垫片或模糊按钮的过渡层将 MCM 层叠加起来，它有一个精确的塑料垫片可让出芯片和键合的缝隙，模糊按钮通过叠层 MCM 上的结合力实现连接。模糊按钮的材料是优良的金导线棉，两个丝绵区结合非常牢固。

　　2）带有电气馈通线的弹性连接器法。这种方法通过连接电气馈通线和弹性连接器来实现垂直互连，电气馈通线预加工过的元器件，用一种埋置技术安装在激光结构的基板上。

　　3）柔性各向异性导电材料法。各向异性导电材料厚度方向导电，而长度和宽度方向不导电，用垫片进行更多互连，让出键合环高度和冷却通道高度。

　　4）基层板上下部分球栅阵列法。这种方法采用基板上下部分的球栅阵列实现垂直互连，通过给叠层施加压力，利用下部焊球将叠层 MCM 互连到 PCB 上，而上部焊接点用于叠层 MCM 间的互连。

4. 三维封装技术的优点

三维（3D）封装技术主要有以下优点。

　　(1) 尺寸和重量　3D 封装替代了单芯片封装，缩小了器件尺寸，减轻了器件重量。尺寸减小及重量减轻的部分取决于垂直互连的密度。和传统的封装相比，使用 3D 封装技术可使器件的尺寸及重量减小 90% 左右。相对 MCM 封装技术，3D 封装技术使体积缩小 80% 左右，使质量减轻 70% 左右。

　　(2) 硅片效率　封装技术的一个主要问题是 PCB 芯片焊区占用很多的面积，MCM 由于使用了裸芯片，焊盘减小了 20%～90%，而 3D 封装则更有效地使用了硅片的有效区域，拥有较高的硅片效率，硅片效率是指叠层中总的基板面积与焊区面积之比，因此与其他 2D 封装技术相比，3D 技术的硅片效率超过 100%。

　　(3) 延迟　延迟指的是信号在系统功能电路之间传输所需要的时间。在高速系统中，总延迟时间主要受传输时间限制。传输时间是指信号沿互连线传输的时间，传输时间与互连长度成正比，因此缩短延迟就需要用 3D 封装缩短互连长度。缩短互连长度可降低互连伴随的寄生电容和电感，因而缩短信号传输延迟。

　　(4) 噪声　噪声通常被定义为夹杂在有用信号之间的不必要的干扰。在高性能系统中，降低噪声干扰是一个设计问题，降低噪声通过降低边缘比率、延长延迟及降低噪声幅度等限制着系统性能，导致错误的逻辑转换。噪声幅度和频率主要受封装和互连限制。在数字系统中，存在 4 种主要噪声源：反射噪声、串扰噪声、同步转换噪声和电磁干扰。所有这些噪声源的幅度取决于信号通过互连的上升时间,上升时间越大,噪声越大。3D 封装技术在降低噪声中起着缩短互连长度的作用,因而也降低了互连伴随的寄生性。另外,如果使用 3D 封装技术而没有考虑噪声问题,那么噪声会成为系统中的一个问题。如果互连沿导线的阻抗不均匀或其阻抗不能匹配源阻抗和目标阻抗,那么就存在一个反射噪声;如果互连间距不够大,也会潜在串扰噪声。由于互连缩短,互连伴随的寄生特性被降低,同步噪声也被减小,因而对于同等数目的互连,产生的同步噪声更小。

(5) 功耗　由于寄生电容与互连线长度成正比例,所以,如果寄生参数降低,总功耗也会降低。利用 3D 封装技术,缩短了互连长度,降低了互连伴随的寄生参数,因此功耗也会降低。

(6) 速度　3D 封装技术节约的功耗可以使 3D 元器件以更快的转换速度(频率)运转而不增加功耗。此外,寄生性电容和电感降低,3D 元器件尺寸和噪声减小,使每秒的转换率更高,总的系统性能得以提高。

(7) 互连适用性和可接入性　假定典型芯片厚度为 0.6mm,在 2D 封装图形中,距叠层中心等互连长度的元器件有 116 个;而采用 3D 封装技术,距中心元器件等互连长度的元器件只有 8 个,因而叠层互连长度的缩短降低了芯片间的传输延迟。此外,垂直互连可最大限度地使用有效互连,而传统的封装技术则受诸如通孔或预先设计好的互连限制。由于可接入性和垂直互连的密度(平均导线间距的信号层数)成比例,所以 3D 封装技术的可接入性依赖于垂直互连的类型。外围互连受叠层元器件外围长度的限制,与之相比,内部互连更适用、更便利。

(8) 带宽　在许多计算机和通信系统中,互连带宽(特别是存储器的带宽)往往是影响计算机和通信系统性能的重要因素。因而,降低延迟、增大母线带宽是提高系统性能的有效措施。

5. 三维封装技术的局限性

虽然 3D 封装技术可以带来一系列的好处,但也有其自身的缺点。

(1) 热处理　随着高性能系统建设要求的提高,电子封装设计正朝着芯片更大、I/O 端口更多的方向发展,这就要求提高电路的密度和可靠性。提高电路密度意味着提高功率密度,功率密度在过去的 15 年内已成指数增长,在未来仍将持续增长。

采用 3D 封装技术制造元器件,功率密度高,因此,需要认真考虑热处理问题,3D 技术需要在两个层次进行热处理。第一是系统设计级,将热能均匀地分布在 3D 元器件的表面,第二是封装级,可用以下一种或几种方法解决:①可采用诸如金刚石或化学气相沉积金刚石的低热阻基板;②采用强制风冷或冷却液来降低 3D 元器件的温度;③采用一种导热胶并在叠层元器件之间形成热通孔来将热量从叠层内部排到其表面。随着电路密度的增加,热处理器将会遇到更多的问题。

(2) 设计复杂性　在持续提高集成电路的密度、性能和降低成本方面,互连技术的发展起着重要的作用,在过去的 20 年内,电路密度提高约 10000 倍,所以芯片的特征尺寸、几何图形分辨率也向着不断缩小的方向发展。同时,功能集成度的提高使芯片尺寸更大,这就要求增大硅片尺寸的材料,研制更大的硅片制造系统。

（3）成本　任何一种新技术的出现，其使用都存在着预期成本高的问题。3D 封装技术也一样，由于缺乏基础设施、生产厂家不愿意冒险更新新技术，所以其制作成本高。此外高成本也是器件复杂性的要求。影响其成本的主要因素有：①叠层高度及复杂性；②每一层的加工工序数；③叠层前在每块芯片上采用的测试方法；④每块芯片是否老化；⑤硅片后处理（例如，焊盘布线、圆片修磨和基板间通孔连接等都是很昂贵的）；⑥叠层中的每一层所要求的好芯片的数目（取决于生产厂家，在 3～20 个不等，如果修磨圆片，生产厂家可能要求每叠层两块圆片，这使成本过高）；⑦非重复性工程（NRE）成本也很高，这使得采用 3D 封装技术的难度更大，主要影响因素有：样品叠层批量试验品上的测试范围（例如，热测试、应力表测试和电测试等的测量范围）、要求的样品叠层数（通常在 20～50 个不等）、单个裸芯片系统级设计的生产厂家应用水平（例如，不同的生产厂家在模拟热和串扰方面的能力不同）。

（4）交货时间　交货时间是指生产一个产品所需要的时间，它受系统复杂性的影响。3D 封装技术比 2D 封装技术的交货时间要长，根据 3D 元器件的尺寸和复杂性，3D 封装厂家的交货时间一般为 6～10 个月，这比采用 MCM-D 技术所需的时间要长 2～4 倍。

小　　结

本章主要讲述了器件级封装的封装技术和典型器件级封装。封装技术部分讲述了三种常见的封装技术：金属封装、塑料封装和陶瓷封装。金属封装部分主要讲述了金属封装的概念、特点、工艺流程和材料，塑料封装部分主要讲述了塑料封装技术的特点、材料、工艺、常见类型和可靠性试验，陶瓷封装部分主要讲述了陶瓷封装的材料、工艺流程、类型和应用举例。典型器件级封装部分主要讲述了常用的几种封装技术：双列直插式封装、四边扁平封装、BGA 封装、CSP 封装、倒装芯片技术、晶圆级封装和三维封装技术，这一部分分别对每一种封装技术进行了详细的分析，主要包括其工艺技术、常见类型、主要特点等内容。

习　　题

5.1　简述器件级封装的基本工艺流程。

5.2　简述金属封装的主要特点。

5.3　简述塑料封装的主要特点。

5.4　简述塑料封装的工艺流程。

5.5　简述塑料封装的常见类型。

5.6　简述塑料封装的主要可靠性试验。

5.7　简述陶瓷封装的基本工艺流程。

5.8　简述球栅阵列封装的特点。

5.9　简述 BGA 封装的主要类别。

5.10　简述 BGA 封装的主要优点和缺点。

5.11　简述 CSP 技术的主要特点。

5.12　简述 CSP 技术的主要类别。

5.13　简述倒装芯片技术的主要特点。

5.14　简述 WLP 技术的主要特点。

第6章　模组组装和光电子封装

教学目标：
- 了解常用的组装技术
- 掌握常用的通孔插装技术
- 了解表面贴装技术的特点
- 掌握表面贴装技术的基本工艺流程
- 了解光电子器件的封装形式和技术
- 了解光纤耦合封装工艺技术

6.1　概述

　　模组组装指的是将一个或者几个封装件装配到基板上形成一个完整的功能模块。模组组装技术是伴随着器件封装的发展而不断演变的。同时，它又决定了器件封装的可能形式和发展方向。

　　集成电路芯片完成第一次封装之后，依据封装元器件引脚的形状，引脚与电路板的接合技术可分为通孔插装技术（Through Hole Technology，THT）和表面贴装技术两大类。在所有的接合中，引脚的主要功能为提供热和电能信号的传导，表面贴装接合元器件的接点还必须承载元器件的重量。接合方式的选择则依据封装元器件的形状、电路板上元器件与电路连线的密度、元器件更换与修护能力、可靠度、功能需求、制作成本等因素而定。通孔插装是电子封装中使用历史最悠久的元器件与电路板的接合方式，表面贴装则是应电子封装短、小、轻、薄的趋势而开发的，它在封装市场上应用的比例已超过了通孔插装。

　　在同一块电路板上可混合使用通孔插装与表面贴装技术，此接合又称为混合技术电路板接合。混合技术可概括分为三种类型：①电路板正面或反面接合的均为表面贴装元器件；②表面贴装与通孔插装元器件的混合；③电路板正面为通孔插装元器件，反面为表面贴装元器件。

　　通孔插装元器件依据与电路板接合时引脚插入导孔后的形状变化，可以分为直插型、弯曲型、半弯曲型、铲型、迂回接合型等，如图6-1所示。依据孔内壁是否镀有铜膜，焊接完成的形式可以区分为支撑焊接点与无支撑焊接点，如图6-2所示。表面贴装技术的封装元器件可以区分为引脚式与无引脚式两种，引脚式元器件的引脚形状可以区分为鸥翼形、钩形和粗柄形等。

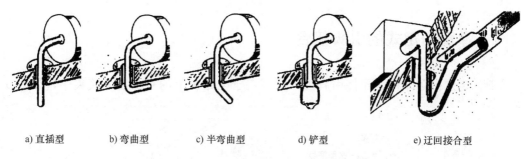

a) 直插型　　　b) 弯曲型　　　c) 半弯曲型　　　d) 铲型　　　　e) 迂回接合型

图 6-1　通孔插装元器件引脚形状示意图

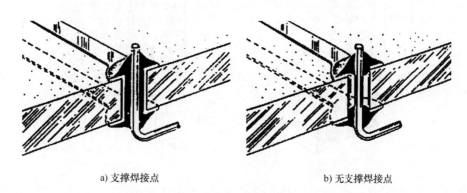

a) 支撑焊接点　　　　　　　　　　b) 无支撑焊接点

图 6-2　支撑焊接点与无支撑焊接点示意图

　　光电子封装涉及面广，包括光电子模块和光电子器件的封装。光电子器件封装是光电子封装的基础，一般可将光电子器件分为有源器件和无源器件。有源器件包括光源、光电检测器和光放大器以及由这些器件组成的各种模块，产品有发光二极管、激光器、光敏二极管、光纤放大器、半导体激光放大器等。无源器件包括连接器、光耦合器、光衰减器、光隔离器、光开关、波分复用器和光纤光缆等。此外，还有光电集成电路（OEIC）和光子集成电路（PIC）。由于光电子器件的多样性和复杂性，因此与之对应的封装技术也是多种多样。

　　市场需求巨大的平板显示器封装是一种特殊类型的光电子模块封装，在模组组装中占有非常重要的地位，平板显示器的封装中，以各向异性导电胶（Anisotropic Conductive Film，ACF）为代表的玻璃覆晶（Chip On Glass，COG）技术得到了广泛的应用。这是因为目前玻璃上的导电线路都是以铟锡氧化物（Indium-Tin-Oxide，ITO）为基本材料，以满足其导电透明等要求。而 ITO 作为导电材料很难与通常的焊锡材料形成冶炼键合，因此机械式的连接就成了一种主要方式。为了补偿 IC 凸点与凸点之间的高度差，含导电粒子的各向异性导电胶则成为最优的选择。

6.2　通孔插装技术

　　通孔插装技术为元器件与电路板结合的最常见的方式。通孔插装元器件引脚与电路板上的导孔接合方式又可以区分为弹簧固定式和焊接式两种。

6.2.1　弹簧固定式的引脚接合

弹簧固定式接合即将元器件引脚插入已固定于电路板上的双叉型弹簧夹中，如图 6-3 所示。

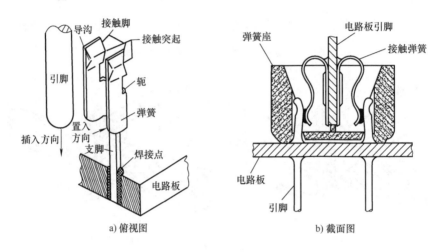

a) 俯视图　　　　　　　　b) 截面图

图 6-3　弹簧固定式的引脚结合

此方法的开发是因为陶瓷材料与高分子树脂材料制成的印制电路板的热膨胀系数差异过大，如果直接将陶瓷封装元器件焊接在电路板上容易导致热应力破坏，使用弹簧固定式接合利用弹簧片松弛的效应可以缓解热应力的破坏，此方法具有便于更换损坏或升级元器件的优点。弹簧固定式接合的步骤为：元器件先对齐，制动机具再将引脚推入弹簧夹，制动机具的推动同时具有磨去表面污染层以形成低接触电阻接触面的任务。引脚数过多时，推力的总和可能相当大，因此弹簧固定式接合通常分段进行。

弹簧夹材料应具有良好的耐磨耗性与低摩擦系数，弹簧夹材料一般为铍铜合金，它的表面应先镀一层氨基磺酸镍，再镀上钯以改善腐蚀及磨耗性，最后表面再镀上金以降低接触电阻并提供焊接时良好的焊锡润湿性。

6.2.2　焊接式的引脚接合

焊接是引脚与电路板接合的一种重要方式，其中波峰焊为通孔插装元器件常见的焊接技术，波峰焊的基本工艺步骤为：助焊剂涂布→预热→焊锡涂布→吹除多余焊锡→检测/修护→清洁。波峰焊的工艺过程示意图如图 6-4 所示。

助焊剂的目的在于清洁印制电路板上金属焊接表面与电镀孔内壁，常见的涂布方法为发泡式涂布。发泡式助焊剂中含有加强发泡性的添加剂，其利用打气装置使压缩空气通过多孔的管道，并在助焊剂中产生气泡，泡沫状的助焊剂再通过烟囱式的管道涂布在印制电路板上，烟囱式管道的上边缘通常附有毛刷装置以控制泡沫的高度并使助焊剂均匀地涂布。波式

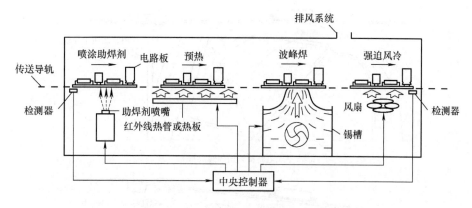

图 6-4　波峰焊的工艺过程示意图

助焊剂适用于大量生产及混合式元器件接合的电路板，这种电路板在底部也有元器件的焊接，其利用直流电动机与推进扇叶经喷口产生波式的助焊剂，故适合高密度、高黏滞性的助焊剂的涂布，因为助焊剂是以高压推进的，故波式涂布比发泡式涂布有更强的涂布能力，也因其送料过多，故盛装助焊剂的容器也比较大，基本不受工艺温度变化的影响。使用波式涂布时应注意调整助焊剂喷口的平面与电路板输送带平面平行，喷出的助焊剂液面应恰好接触电路板的表面，避免使整个电路板沉浸其中，增加未来清洁的难度。助焊剂也可以利用喷洒或毛刷进行涂布，但这些方法往往有过度涂布、助焊剂损耗较快、设备的保养与清洁较为困难、操作的环境需要有良好的通风设备等缺点。助焊剂涂布完成后，通常用空气刀将多余的助焊剂除去，以防止其滴入后续的预热装置中并产生残留。

电路板预热的目的是：①使助焊剂中的溶剂挥发并干燥；②提升助焊剂的活性，使其具有更强的清洁能力，以增加焊锡在电路板的接合点、电镀导孔和封装元器件引脚表面的润湿性；③加温过程可以平衡封装元器件温度不均匀的现象，以防止热爆震波的产生，对于设计过于复杂的电路板该步骤尤为重要。一般预热的温度为 125℃，电路板移入加热装置中时，温度上升的梯度及均匀程度应谨慎控制；离开时，温度不可过高，以免助焊剂失去活性而降低焊锡的润湿性。

波峰焊时，载有元器件的电路板通过焊锡槽，槽中持续涌出的焊锡除了提供焊锡的涂布外，还有刮除及清洁接合点表面金属氧化层的作用。焊锡沉浸的高度为电路板厚度的 1/3～1/2，在多层印制电路板中，沉浸的高度更可达印制电路板厚度的 1/4。在理想情况下，焊锡波与印制电路板的运动方向相反，移动的速度应调整至相同，印制电路板输送带与焊锡系统通常维持 6°～8°的倾斜以获得最佳的涂布效果，此倾斜的设计可减小印制电路板离开时焊锡波与电路板所形成的凹面半径，可抑制焊锡的过度涂布，进而降低水柱状焊点或相邻焊点发生桥架短路的缺陷，如图 6-5 所示。印制电路板经过焊锡槽的时间也应适当调整，过长时间的涂布可能导致元器件因高温而损坏，时间过短则电路板温度不足并降低了焊锡的润湿性。

为了适应各种不同的元器件与电路板的焊锡涂布要求，焊锡槽中焊锡的波形也有许多不同的变化，常见的有对称波、不对称波、双波和阶梯波等，如图 6-6 所示。不对称波是指焊锡在与印制电路板输送相反方向上有大部分的流动量，在印制电路板输送相同方向上仅有小

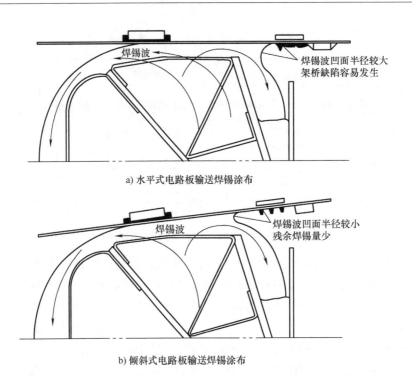

a) 水平式电路板输送焊锡涂布

b) 倾斜式电路板输送焊锡涂布

图 6-5　水平式与倾斜式电路板输送的结果差异示意图

部分的流动量，它是波峰焊中常见的焊锡波形。焊锡波的调整还包括波前的倾斜与高度变化
等，以获得适当的焊锡与电路板的接触时间与均匀的涂布效果。

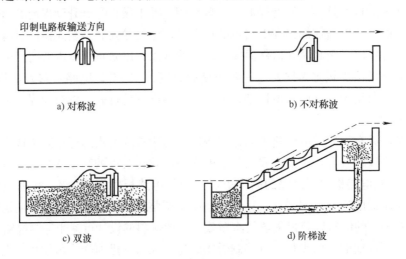

a) 对称波

b) 不对称波

c) 双波

d) 阶梯波

图 6-6　焊锡的波形变化

近年来表面贴装技术广泛使用，使焊锡波形的变化更多，最主要的变化为在一般层流型
波峰焊前加入扰流型波峰焊，扰流型波峰焊接高速泵使焊锡通过调节板产生脉动状的焊锡
波。使用扰流型波峰焊的目的是：①增强焊锡对焊垫表面氧化层刮磨清洁的能力；②增强焊
锡深入涂布的能力以避免漏焊的产生；③加速助焊剂挥发气体的排除以避免导孔与焊垫发生
焊锡填充不足的现象。

以空气刀吹除多余的焊锡为选择性工艺步骤，但现在对引脚密度日益增多带来的表面贴装元器件接合或设计复杂、高密度连线电路板与元器件的接合，使此工艺步骤已经成为标准的步骤。空气刀以高压热空气将焊点上多余的焊锡或印制电路板上焊接处残留的焊锡吹除。研究显示，此步骤可使焊点有更精确的微细结构，降低多余焊锡凝固时产生的应力，提升焊接完成的印制电路板的可靠性。

回流焊（也称为再流焊）、波峰焊与红外线回流焊的混合工艺（或称为单道焊（Single Pass Soldering，SPS））等也可应用于引脚插入式元器件与印制电路板的焊接。SPS 技术可提供精准的温度控制，用于混合技术印制电路板或高难度印制电路板与元器件的接合，此外该技术可缩短焊锡在熔融状态的时间，抑制金属间化合物的成长与焊接点应力破坏的发生。

6.3　表面贴装技术

电子电路表面组装技术（Surface Mount Technology，SMT），称为表面贴装或表面安装技术。它是一种将无引脚或短引线表面组装元器件（Surface Mount Component/Device，SMC/SMD，也称为片状元器件）安装在印制电路板（Printed Circuit Board，PCB）的表面或其他基板的表面上，通过回流焊或浸焊等方法加以焊接组装的电路装连技术。

与传统的 THT 技术不同，SMT 无须在印制电路板（装配表面贴装元器件的印刷电路板也称为表面安装板，SMB）上钻插装孔，只需要将表面贴装元器件贴、焊到印制电路板表面设计的位置，采用包括点胶、焊膏印刷、贴片、焊接、清洗和在线功能测试在内的一整套完整工艺联装技术。具体地说，就是用一定的工具将黏结剂或焊膏印涂到基板焊盘上，然后把表面贴装元器件引脚对准焊盘贴装，经过焊接工艺，建立机械和电气连接，其主要装配过程可以分为焊锡膏印刷、元器件贴装和再流焊三大部分。典型的 SMT 结构示意图如图 6-7 所示。

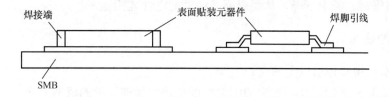

图 6-7　典型 SMT 结构示意图

SMT 将传统的电子元器件压缩成为原体积的 1/10 左右，从而实现了电子产品组装的高密度、高可靠、小型化和低成本，成为电子信息化产业的基础。SMD 的组装密度高使现有的电子产品、系统在体积上缩小 40%～60%，质量上减轻 60%～80%，成本上降低 30%～50%，同时加上 SMD 的可靠性和高频特性好等特点，SMT 表面贴装工艺技术及其设备的选择和配置成为电子产品、系统质量保证的关键。

目前，先进的电子系统，特别是通信、计算机及网络和电子类产品，已普遍采用 SMT

技术。国际上 SMD 产量逐年上升，传统器件诸如双列直插的芯片以及通孔安装方式的电阻、电容产量逐年下降，因此随着时间的推移，SMT 技术将越来越普及。

SMT 工艺包括两大部分内容，一部分是组装用的材料，包括元器件及其制造技术、组装用的辅助材料的开发生产；另一部分是组装工艺技术，包括印刷、贴片、焊接、清洗、检测等工艺技术。

6.3.1　特点

SMT 和 THT 的根本区别是"贴"和"插"，这个特征决定了这两类组装元器件及其包装形式的差异，并决定了工艺、工艺装备的结构和性能上的差别。SMT 的特点可概括为以下几点：①组装对象多、对元器件的要求高；②组装精度和质量要求高；③组装过程复杂；④自动化程度高，要求专用设备；⑤技术难度高。

1. SMT 的优点

SMT 的优点主要包括以下几点：

1）由于基板不采用通孔而采用埋层互连布线技术，可以留出更多的空间来布线，从而提高了布线密度。在相同的功能情况下，可以减小面积，还可以减少层数以使整个组件成本降低。

2）质量减轻，这对于一些要求机动性高以及质量轻的电子设备特别适用，如航空、航天、移动式电子设备等。同时由于质量轻，其抗振等机械特性也会相应提高。

3）比插入式安装更有利于实现自动化，安装速度大大提高。大生产线每小时可安装的器件数在 5 万个以上，从而提高了劳动生产率，降低了组装成本。

4）由于采用焊膏材料及新的焊接技术，提高了焊接质量，避免了连线、虚焊和变形等问题。

5）由于面积减小而使布线长度大幅度缩短，寄生电感和寄生电容也相应降低，使信号传输速度成倍提高，噪声下降，从而提高了组件的电性能指标。

2. SMT 的缺点

SMT 的缺点主要包括以下两点：

1）随着安装密度的提高，相应的测试难度也随之增加，检测成本上升。

2）为了实现表面安装，必须将各种用于插装的元器件的封装结构加以改造，比如重新设计考虑片状元器件，现在已经有大量的可以使用的片状元器件可供选择。

6.3.2　组装方式和基本工艺

SMT 的组装方式及其工艺主要取决于表面组装组件的类型、使用的元器件种类和组装设备条件。

1. 组装方式

SMT 的组装方式主要有三种：单面混合组装、双面混合组装、全表面组装。

（1）单面混合组装　单面混合组装即表面贴装元器件与通孔插装元器件（THC）分布在 PCB 不同的面上混装，但其焊接面仅为单面。这一类组装方式均采用单面 PCB 和波峰焊接工艺，具体有两种组装方式。

1）先贴法。即先在 PCB 的 B 面贴装 SMC/SMD，而后在 PCB 的 A 面插装 THC，如图 6-8所示。这种方法工艺简单，组装密度较低。

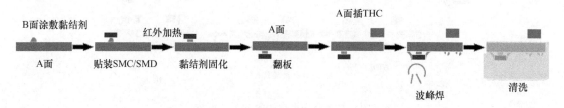

图 6-8　单面混合组装先贴法的工艺流程示意图

2）后贴法。即先在 PCB 的 A 面插装 THC，然后在 B 面贴装 SMC/SMD，如图 6-9 所示，这种方法工艺较复杂，组装密度也比较高。

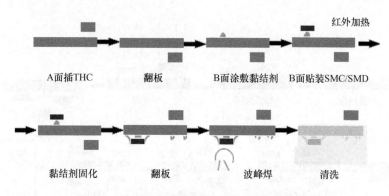

图 6-9　单面混合组装后贴法的工艺流程示意图

（2）双面混合组装　双面混合组装方式中也有先贴或者后贴表面贴装元器件的区别，一般根据 SMC/SMD 的类型和 PCB 的大小合理选择，通常采用先贴法比较多。该类组装通常采用两种组装方式。

1）SMC/SMD 和 THC 在同侧的方式。

2）SMC/SMD 和 THC 在不同侧的方式。把表面贴装集成电路（SMIC）和 THC 放在 PCB 的 A 面，而把 SMC/SMD 和小外形晶体管放在 B 面，如图 6-10 所示。

这类组装方式由于在 PCB 的单面或双面贴装 SMC/SMD，并把难以表面贴装化的有引线元器件插入组装，因此组装密度高。

（3）全表面组装　全表面组装指在 PCB 上只有 SMC/SMD 而没有 THC，目前元器件还没有完全实现表面贴装化，因此实际应用中这类组装形式不多。

全表面组装可以根据元器件的位置分为两类。

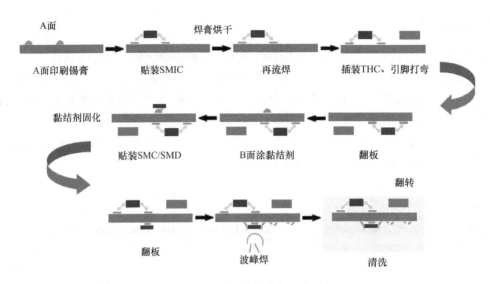

图 6-10 双面混合组装的工艺流程

1）单面全表面组装方式，采用单面 PCB 在一侧组装 SMC/SMD。

2）双面全表面组装方式，采用双面 PCB 在两侧都组装 SMC/SMD，组装密度更高，其工艺如图 6-11 所示。

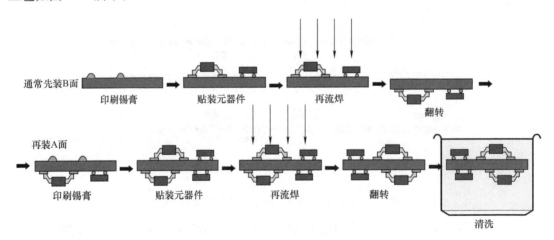

图 6-11 双面全表面组装方式工艺

2. 基本工艺

虽然 SMT 的组装方式不同，工艺流程也有差异，但不管哪种组装方式，其工艺流程中的基本工艺还是相同的。基本的工艺流程为：来料检测→丝网印刷→黏结剂涂覆→贴装→固化→焊接→清洗→检测→返修，其中基本的工艺过程如下所述。

（1）丝网印刷 丝网印刷的作用是将焊膏或贴片胶漏印到 PCB 的焊盘上，为元器件的焊接做准备。所用设备为丝网印刷机，位于 SMT 生产线的最前端。

丝网印刷技术是一种简单低成本的印刷技术，适用于小批量产品的生产。丝网印刷时刮板以一定的速度和角度向前移动，对焊膏产生一定的压力，推动焊膏在刮板前滚动，产生将焊膏注入网孔所需的压力。由于焊膏是黏性触变流体，焊膏中的黏性摩擦力使其流层之间产生切边。在刮板凸缘附近与丝网交接处，焊膏切边速率最大，一方面产生使焊膏注入网孔所需的压力，另一方面切变率的提高会使焊膏黏性下降，有利于焊膏注入网孔。所以当刮板速度和角度适合时，焊膏将会顺利地注入网孔。当刮板完成压印动作后，丝网弹回，脱离 PCB。

在现今的 SMT 表面组装生产线中，大规模使用的是钢模板印刷技术。钢模板网虽然比丝网成本高，但有如下一些优点：对焊膏粒度不敏感，不易堵塞，印刷均匀，可用于选择性印刷或多层印刷，焊膏图形清晰并且比较稳定，易于清洗，可长期保存并且耐用。

实际中使用的印刷工艺，其印刷过程一般包括基板输入、基板定位、图形识别、焊膏印刷和基板输出基本步骤。

(2) 黏结剂涂覆　在混合组装中有时需要把表面贴装元器件暂时固定在 PCB 的焊盘图形上，以防止翻板和工艺操作中出现振动导致元器件掉落。因此在贴装 SMC/SMD 之前需要在 PCB 上设定焊盘位置涂覆黏结剂，黏结剂可以起到辅助固定的作用。

黏结剂涂覆是将黏结剂滴到 PCB 的固定位置上，其主要作用是将元器件固定到 PCB上。黏结剂的涂覆可以采用分配器点涂（也称注射器点涂）技术、针式转印技术和丝网印刷技术。

1) 分配器点涂技术：首先将黏结剂灌入分配器中，从容器的上方腔口施加压力，迫使黏结剂从分配器下方空心针头中排出并脱离针头，将黏结剂一点一点地点涂在 PCB 贴装SMC/SMD 的位置上。根据施加压力方式的不同，可以将常用的分配器点涂技术分为三种方法：时间压力法、阿基米德螺旋法和活塞正置换泵法。

2) 针式转印技术：采用针矩阵模具，先在贴片胶供料槽上蘸取适量的贴片胶，然后转移到 PCB 的点胶位置上同时进行多点涂覆的方法。这种方法的优点是效率高，投资少，可用于单一品种大批量生产中。缺点是胶量不容易控制，由于贴片胶供料槽是敞开式系统，因此易混入杂质，影响粘贴质量，同时当改变 PCB 时，需要重新制作一套针矩阵模具。

(3) 贴装　贴装是通过机械手利用真空吸附力将料盘或编带中的元器件拾取后安放在PCB 表面指定位置的工艺。随着 SMC/SMD 的不断微型化和引脚细间距化，以及栅格阵列芯片、倒装芯片等焊点不可见芯片的发展，SMC/SMD 的贴装必须要借助专用设备来完成。目前的 SMC/SMD 手工贴装已经演变成借助返修装置等专用设备和工具的半自动化贴装。半自动贴装是目前的主要方式，因此贴装机是 SMT 生产组装生产线中的必备设备，也是关键的设备，是决定 SMT 产品组装的自动化程度、组装精度和生产效率的主要因素。

SMT 贴装机是由计算机控制，并集光、电、气及机械为一体的高精度自动化设备。其组成部分主要包括机体、元器件供料器、PCB 承载机构、贴装头、器件对中检查装置、驱动系统、计算机控制系统等部分。

(4) 固化　其作用是将贴片胶融化，从而使表面贴装元器件与 PCB 牢固黏结在一起。所用设备为固化炉，位于 SMT 生产线中贴片机的后面。

(5) 焊接　其作用是将焊膏融化，使表面贴装元器件与 PCB 牢固黏结在一起。

表面贴装技术使用的焊接方法可以分为波峰焊与回流焊（又称再流焊）两大类。波峰焊对元器件和焊垫的形状与排列有很多限制，不适用于特殊形状和引脚间距日益缩小的表面贴装元器件的焊接，而且在波峰焊过程中元器件必须从高温的焊锡中通过，对元器件难免有损伤。波峰焊技术中常见的两个缺点是漏焊和焊点架桥短路。而回流焊可以在一定程度上避免波峰焊的一些缺点。

回流焊是预先在 PCB 焊接位置（焊盘）施放适量和适当形式的焊料，然后贴放表面贴装元器件，经固化（在采用焊膏时）后，再利用外部热源使焊料再次流动达到焊接目的的成组或逐点焊接工艺。回流焊技术能完全满足各类表面贴装元器件对焊接的要求，因为它能根据不同的加热方法使焊料再流，实现可靠的焊接连接。

回流焊技术与波峰焊技术相比，具有以下一些特点：①不像波峰焊，需要把元器件直接浸渍在熔融的焊料中，所以元器件受到的热冲击小；②只在需要的位置放置焊料，可以控制焊料的施放量，能避免焊点桥接短路等缺陷；③当元器件贴放位置有一定偏离时，由于熔融焊料表面张力的作用，可以自动校正偏离，使元器件固定在正确的位置，即具有自对准功能；④可以局部加热，从而使同一 PCB 上不同位置采用不同的焊接工艺；⑤焊料中一般不会混入杂质，使用焊料时可以准确地保证焊料的成分。

回流焊技术按照加热的方法进行分类，可以分为：气相回流焊、红外回流焊、热风炉回流焊、热板加热回流焊、红外光束回流焊、激光回流焊和工具加热回流焊等。所用设备为回流焊炉，位于 SMT 生产线中贴片机的后面。

（6）清洗　其作用是将组装好的 PCB 上面的各种焊接残留物除去。从印制电路板的制作到封装元器件焊接的完成，成品表面不可避免地有许多污染残余，这些污染残余可能是电路板制作时留下的，也可能是焊接工艺中留下的，如元器件或电路板的填充料、焊锡掩膜的残料、助焊剂、焊锡等。

污染可以分为非极性/非离子性污染、极性/非离子性污染、离子性污染与不溶解/粒状污染等 4 大类。一般非极性/非离子性污染为松脂或油脂类，它们不易被水除去，具有电绝缘与防止金属腐蚀的作用，但同时也降低了界面黏结力，增大接触电阻，并影响成品的外观。极性/非离子性污染常为助焊剂、焊油或者焊接中使用的酯蜡，此类污染是电源信号渗漏的主要来源，因为它们的极性使水分子极易参与作用，与水分子结合产生的游离效应会显著减小表面电阻。离子性污染主要包括助焊剂、蚀刻、电镀和清洁不当所残留的溶剂与物质，离子性污染物质溶于水或其他吸水性污染源后即可形成导电的途径，并提高表面电流的渗漏。不溶解/粒状污染物质可能为空气中的尘埃、电路板纤维或粉屑、人为取置与输送过程中留下的污迹、微粒焊球、焊锡浮渣、与助焊剂反应的生成物等，此类污染物会影响外观，也会降低焊锡的润湿性或形成焊接点的孔洞，金属表面若附着非导电性的微粒会影响导电，导电性的微粒在高密度电路板上则可能造成短路。

清洁可以使用电路板清洁材料，电路板的清洁材料可分为有机溶剂清洁剂与水性清洁剂两大类。有机溶剂清洁剂清洁的主要对象包括残余的松脂、合成活化助焊剂、低极化性的助焊剂等，清洁的过程通常以蒸气浴的方式进行，常见的有机溶剂清洁剂为低燃火性的卤化碳氢化合物，例如三氯乙烯、甲基氯芳、四氯乙烯等。水性清洁剂是近年来常用的清洁剂，主要是由于水溶性助焊剂的开发、水清洁系统的改进和封装密封技术的进步，水洗的过程通常又添加有中和剂或皂化剂以提升清洗的能力，这些添加剂通常为含氨类、胺类或其他碱性化合物的溶液，以提升对离子性或树脂类污染物的清洁能力。

有机乳状清洁剂为新型的清洁剂，此类清洁剂为具有高树脂亲和力的非极性有机溶剂与非离子性表面活化剂的混合物，有机乳状清洁剂中的有机溶剂通常为松油精，此物质燃火性极高，因此使用时必须更加小心地控制工艺温度，以防发生爆炸。

近年来，免洗焊膏的成功开发使得免清洗流程在表面贴装技术中得到了广泛的应用，原因是：①生产过程中产品清洗后排出的废水，带来水质、大地乃至动植物的污染；②除了水清洗外，应用含有氯、氟、氢的有机溶剂作清洗剂，也对大气层造成污染、破坏；③清洗剂残留在基板上带来腐蚀现象，严重影响产品质量；④可减少清洗工序及工艺线维护成本；⑤可减少工件在清洗过程中造成的伤害；⑥残留的助焊剂电气性能已不断改良，可以避免对成品产生的伤害；⑦免洗流程已通过国际上多项安全测试，证明免洗焊膏中助焊剂的化学物质是稳定、无腐蚀性的。

（7）检测　其作用是对组装好的 PCB 进行焊接质量和装配质量的检测。所用设备有放大镜、显微镜、在线测试仪、飞针测试仪、自动光学检测系统、X 射线检测系统、功能测试仪等。根据检测的需要，设备的位置可以配置在生产线合适的地方。

（8）返修　其作用是对检测出现故障的 PCB 进行返工。所用工具为烙铁、返修工作站等，配置在生产线中任意位置。

SMT 工艺流程中核心的四类设备是丝印机、贴装机、自动光学检测仪和回流焊炉，如图 6-12 所示。

图 6-12　SMT 工艺流程中的核心设备

目前最多被采用的是全表面组装的双面混装技术，具有较高集成度和密度，能混合采用 SMC/SMD 和 THC，能发挥质量和成本之间的平衡利益，但必须处理好两道焊接程序的工艺控制。

6.3.3　SMT 设计技术

表面贴装设计时要满足系统的总体要求，总体要求包括功能、功率要求、频率范围和电源条件等，表面贴装设计时首先设计满足要求的电路图，然后进行元器件、基板和工艺选择，最后在此基础上进行 SMT 电路板设计和焊盘图形设计。表面贴装设计规则包括以下方面。

1. 电路块划分原则

1）按电路功能分块设计。
2）模拟和数字电路分块设计。
3）把高频和中、低频电路分开设计，必要时，高频部分屏蔽。
4）大功率电路和其他电路分开，有利于采用散热措施。

2. 表面贴装基板设计原则

基板可采用"拼板"原则设计。
1）"拼板"可由多块相同或不同电路板组成。
2）最大外形尺寸根据贴装设备、焊炉参数决定。
3）拼板设计 3～4mm 工艺边，并且对角设计标记点。
4）电路板之间由合适强度的连接筋支撑。

3. 元器件布局原则

1）元器件在 PCB 上的排向，原则上随元器件的类型改变而变化，同类型元器件尽可能按相同方向排列，以利于贴装、焊接和检测，同时对于自动贴片程序的优化也非常有利。
2）元器件轴线要相互平行或垂直。
3）元器件在电路板上的分布密度均匀。

4. 焊盘设计规则

SMT 设计中焊盘图形多种多样，焊盘设计对焊接可靠性起着重要作用，具体设计请参见相关厂家产品参数和标准，焊盘图形设计基本原则如下：
1）相邻焊盘的中心距应等于相邻引脚的中心距。
2）焊盘宽度应等于元器件引脚或焊端宽度加或减去修正值 K，K 由元器件公差确定。
3）焊盘长度取决于元器件引线焊端高度和宽度，以及引脚与焊盘接触面积，就焊接可焊性而言，焊盘长度比宽度起得作用更大。

6.3.4　SMT 检验测试

根据测试方式的不同，测试技术可分为接触式测试和非接触式测试。接触式测试则可分为在线测试和功能测试两大类。非接触式测试已由人工目测发展到自动光学检测（AOI）、自动 X 射线检测（AXI）。

1. 在线测试仪

电气测试使用的最基本仪器是在线测试仪（In-Circuit Tester，ICT）。传统的在线测试仪测量时，使用专门的针床与已焊接好的线路板上的元器件接触，并用数百毫伏电压和 10mA 以内电流进行分立隔离测试，从而精确地测出所装电阻、电感、二极管、晶闸管、场效应晶体管、集成块等通用和特殊元器件的漏装、错装、参数值偏差、焊点连焊、线路板开短路等故障，并将故障是哪个元器件或开短路位于哪个点准确告诉用户。针床式在线测试仪优点是测试速度快，适用于单一品种、大规模生产产品的测试，而且仪器主机价格较便宜。但随着被测线路板组装密度和细间距 SMT 组装要求的提高，特别是新产品开发生产周期越来越短，线路板品种越来越多，针床式在线测试仪的一些固有问题越来越明显：测试用针床夹具的制作、调试周期长，价格贵；一些高密度 SMT 线路板测试精度无法达到要求。飞针式测试仪是对针床式在线测试仪的一种改进，它用探针来代替针床。典型的飞针测试仪在 X-Y 机构上装有可分别高速移动的 4 个头，共 8 根测试探针，最小测试间隙为 0.2mm。工作时，根据预先编排的坐标位置程序移动测试探针到测试点，并与之接触，各测试探针根据测试程序对装配的元器件进行开路/短路以及其他电气性能测试。因此，飞针式测试仪与针床式在线测试仪相比，其测试精度、最小测试间隙等方面均有较大幅度提高，并且无须制作专门的针床夹具，测试程序可直接由线路板的 CAD 软件得到，缺点是测试速度相对较慢。

2. 功能测试仪

ICT 能够有效地查找在 SMT 组装过程中发生的各种缺陷和故障，但是它不能够评估整个线路板所组成的系统的性能。而功能测试仪（Functional Tester）则可以测试整个系统是否能够实现设计目标，它将线路板上的被测单元作为一个功能体，对其提供输入信号，按照功能体的设计要求检测输出信号。这种测试是为了检测线路板能否按照设计要求正常工作。最简单的功能测试方法是将组装好的待测电子设备上的专用线路板连接到该设备的适当电路上，然后加电源电压和输入信号。如果电子设备正常工作，就表明线路板合格。这种方法简单、投资少，但不能自动诊断故障。

3. 自动光学检测

线路板上元器件组装密度的提高，给电气接触测试增加了困难，将自动光学检测（Automatic Optical Inspection，AOI）技术引入到 SMT 生产线的在线测试也是测试技术发展的一个重要内容。AOI 不但可对焊接质量进行检验，还可对基板、焊膏印刷质量、贴片质量等进行检查。各工序 AOI 的使用几乎可完全替代人工操作，显著提高产品质量和生产效率。AOI 通过摄像头自动扫描基板各个部分来采集图像，测试的焊点信息与数据库中的参考参数进行比较，经过图像处理，检查出 PCB 上的缺陷，并通过显示器或自动标志把缺陷显示/标示出来，供维修人员修整。现在的 AOI 系统采用了高级的视觉系统、新型的给光方式、增加的放大倍数和复杂的算法，从而能够以高测试速度获得高缺陷捕捉率。AOI系统能够检测的错误有：元器件漏贴、钽电容的极性错误、焊脚定位错误或者偏斜、引脚弯曲或者折起、焊料过量或者不足、焊点桥接或者虚焊等。除了能检查出目检无法查出的缺陷外，AOI还能把生产过程中各工序的工作质量以及出现缺陷的类型等情况收集、反馈回来，供工艺控制人员分析和管理。AOI系统的不足之处是不能检测电路错误，对不可见焊点的检测也无能为力。

4. 自动 X 射线检测

自动 X 射线检测（Automatic X-ray Inspection，AXI）的测试过程相当简单：当组装好的线路板沿导轨进入机器内部后，位于线路板上方的 X 射线管发射的 X 射线穿过线路板后，被置于下方的探测器接收，由于焊点中含有大量可以吸收 X 射线的铅，因此与穿过玻璃纤维、铜、硅等其他材料的 X 射线相比，照射在焊点上的 X 射线被吸收得多，使得对焊点的分析变得相当直观。简单的图像分析算法便可自动且可靠地检验焊点缺陷。先进的 AXI 技术已从传统的 2D 检验法发展到目前的 3D 检验法，2D 检验法为透射 X 射线检验法，对于单面板上的元器件焊点可产生清晰的视像，但对于目前广泛使用的双面贴装线路板，会使两面焊点的视像重叠而极难分辨。而 3D 检验法采用分层技术，即将光束聚焦到任何一层并将相应图像投射到一高速旋转的接收面上，由于接收面高速旋转使位于焦点处的图像非常清晰，而其他层上的图像则被消除，故 3D 检验法可对线路板两面的焊点独立成像。3D 检验法除了可以检验双面贴装线路板外，还可以对那些不可见焊点如 BGA 等进行多层图像"切片"检测，即对 BGA 焊接连接处的顶部、中部和底部进行彻底检验。同时利用此方法还可以测试通孔焊点，检查通孔中焊料是否充实，从而极大地提高焊点连接质量。

6.4　光电子封装

光电子封装是光电子器件、电子元器件及功能应用材料的系统集成。光电子封装在光通信系统中可分为如下级别的封装：芯片 IC 级的封装、器件封装、模块封装、系统板封装、子系统组装和系统组装。光电子器件的封装技术来自于市场驱动，光通信的发展需要光器件满足如下需要：更快的传输速率，更高的性能指标，更小的外形尺寸；增加光电集成的水平和程度；低成本的封装工艺技术。从早期的双列直插、蝶形封装到同轴封装以及微型化的 Mini-DIL 封装、SFF（Small Form Factor）封装，都是为了顺应上述需要而产生的。而射频（RF）和混合信号技术、倒装芯片（FC）技术促进了高速光电子器件的发展。光模块封装的形式也在实际应用中从分离模块封装发展为收发合一模块封装，从多引脚输出的封装形式发展为 SFF 小型化封装形式，引脚封装逐步被热插拔封装取代，同时，从热插拔的封装形式发展为小型化封装形式。本节主要介绍光通信领域中的光电子有源器件及模块的封装技术。

6.4.1　光电子器件、模块封装形式和工艺

1. 光电子器件和模块的封装形式

光电子器件和模块的封装形式，根据其应用的广度可以分为商业标准封装和客户要求的专有封装。其中商业标准封装又可分为同轴晶体管外壳（TO）封装、同轴器件封装、光电子组件封装和光电子模块封装等几种。

对于同轴器件封装来说有同轴尾纤式器件（包括同轴尾纤式激光器、同轴尾纤式探测器、尾纤型单纤双向器件）和同轴插拔式器件（包括同轴插拔式激光器、同轴插拔式探测器、同轴插拔式单纤双向器件）。其封装接口的结构有 SC 型、FC 型、LC 型、ST 型、MU-J 型等。光电子组件封装有双列直插式封装（DIP）、蝶形封装（Butterfly Packaging）、小型化双列直插式封装（Mini-DIL）等几种。

光电子模块封装的结构形式有：19 SC 双端插拔型收发合一模块、19 双端尾纤型收发合一模块以及 SFF、SFP、GBIC、XFP、ZEN-Pak、X2 等多厂家协议标准化的封装类型。此外，还有各种根据客户需要设计的专有封装。

2. 光电子器件和模块的封装工艺

光电子器件和模块在封装过程中涉及的工艺按照封装工艺的阶段流程和程序，可以具体细分为：

1）驱动及放大芯片封装：这类封装属于普通微电子封装工艺，主要形式有小外形塑料封装（SOP 或 SOIC）、塑料有引线封装（PLCC）、陶瓷无引线封装（LCCC）、方形扁平封装（QFP）、球栅阵列封装（BGA）以及芯片尺寸封装（CSP 或 uBGA）。

2）裸芯片（Die）封装：这类封装包括各种 IC 及半导体发光和接收器件，主要形式有：板载芯片装配（COB）、载带自动键合（TAB）、倒装芯片键合等。目前，在光电子器件中发光和接收的裸片与集成芯片或 I/O 外引线的连接，就是基于陶瓷板载芯片的共晶焊接或胶结以及金丝球键合。

3）器件或组件封装：这类封装是指将上述板载芯片与光纤或连接器进行耦合封装，从而达到光互连的目的。

4）模块封装：这类封装就是传统的表面贴装元器件封装，即将光器件或组件与 PCB 电互连，然后通过各种多源协议（MSA）或客户指定的要求进行封装的工艺形式。图 6-13 为光收发合一模块的封装工艺流程。

6.4.2　光电子器件封装技术

半导体光电子器件封装包括光发射器件管芯（LD-Chip）封装和光接收器件管芯（PD-Chip）封装。我们通常所指的 TO 封装、双列直插封装、蝶形封装以及小型化双列直插封装

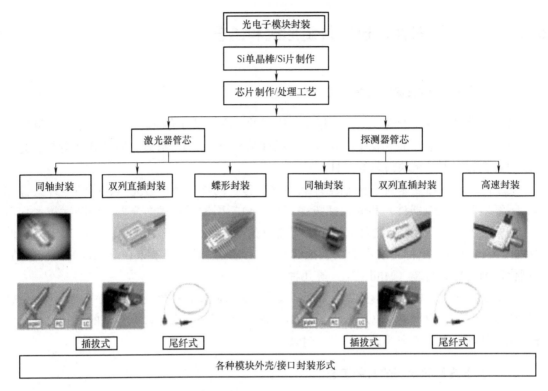

图 6-13　光电子器件/组件/模块封装流程及图例

都属于这一类封装。但是，基于光发射器件与光接收器件的不同工作原理和工作环境，两者在封装技术和工艺方面具有其各自的特点。光电子器件的主要封装过程有管芯封装、器件耦合封装及模块封装。其中管芯封装、器件耦合封装是光电子封装的重要工艺过程。典型的三种封装形式如图 6-14 所示。

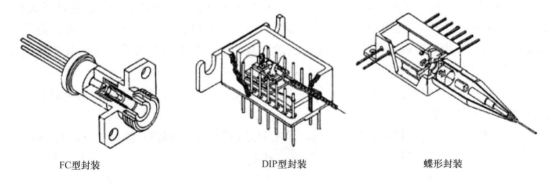

FC型封装　　　　　　　DIP型封装　　　　　　　蝶形封装

图 6-14　典型的光电子器件封装形式

　　SC 插拔型同轴激光器的装配图如图 6-15 所示。其中 TO 激光器的封装为管芯封装，TO 激光器与陶瓷插针体、管体、SC 型适配器的封装过程为耦合封装过程。
　　半导体激光器 TO 封装是一种典型的同轴器件封装形式，它具有体积小、结构紧凑、成本较低的优点。其具体结构如图 6-16 所示，它包括激光器管芯、背光探测器、过渡块、透

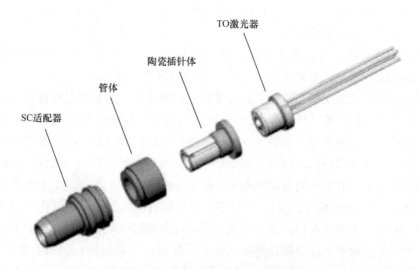

图 6-15　SC 插拔型同轴激光器的装配图

镜、TO 底座及 TO 帽，它们通过金丝引线键合互连和气密性封装组成一个光器件单元，称之为半导体激光器 TO 封装。

　　对半导体激光器管芯封装，根据前述需要考虑的相关因素以及器件作为产品本身的可靠性要求（参照 GR-468-CORE 及 MIL-STD-883），在封装过程中我们必须关注过度块、热沉、TO 激光器芯管焊料、背光探测器管芯黏结剂等材料的热传导特性、热膨胀系数、材料的扩散以及相应的工艺性（如：可焊性等）。

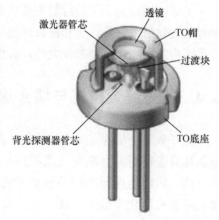

图 6-16　TO 激光器封装结构

　　热沉多选用铜、钨铜、硅、碳化硅、银或各种先进的合成材料，如：碳纤维铜和含银的 Invar 合金等。通常情况下，裸芯片并不是直接安装在热沉上，而是安装在过渡块上。通常过渡块起到横向散热的作用，避免发光器件局部温度升高。此外，过渡块的热膨胀系数（CTE）介于半导体材料和热沉之间，可以达到有效匹配热变形的能力，从而有效减小安装工艺过程中产生的应力。值得一提的是氮化铝（AlN，体膨胀系数为 $4.3 \times 10^{-6} \text{K}^{-1}$）具有良好的线膨胀匹配能力且导热能力（热导率为 $170 \sim 200 \text{W/mK}$）良好，因此在实际生产中被广泛采用。

　　目前，管芯焊接可以有多种焊料选择，如锡（Sn）、锡-铅（Sn-Pb）、铟（In）、金-锡（Au-Sn）或金-锗（Au-Ge）共晶合金。为了减少管芯焊接过程中产生的应力，目前多采用铟代替锡。在砷化镓（GaAs）管芯的晶片共晶焊接过程中，为了进一步地减小应力，多采用硅（Si）和碳化硅（SiC）代替金刚石作为过渡块。另外，管芯焊接结合区 Au 扩散进入 In 合金层会使焊接结合层的热阻、电阻出现衰退现象，并且形成脆性相的金属间化合物，主要是 Au_9In_4。在 Sn 和 Sn-Pb 焊接结合处，当焊层中熔入一定量的 Au 时，同样会形成脆性相的金属间化合物 $AuSn_4$。这些金属间化合物的形成，将使焊接层性能不稳定。通常采取在热沉的表面蒸发一层含金的共晶合金，如 88Au12Ge 或 80Au20Sn 来提高焊接结合区的稳定性。多层 Au-Sn 焊料可以在低于其共晶点（80Au20Sn，280℃）的条件下得到无孔隙和空洞的焊接结合层，因此在实际生产中 Au-Sn 合金焊料被广泛采用。

共晶焊接技术用来实现激光器管芯和过渡块之间的连接。采用共晶焊接技术时，需要避免形成大量的金属间化合物（IMC），通常采取适当的工艺在结合材料间形成扩散势垒，以阻止不良金属间化合物的形成，如钨（W）扩散势垒可以有效减少 Au 从管芯镀层或热沉向 In 焊接区的扩散；Ni 扩散势垒通常为 $1 \sim 5\mu m$ 厚，可以有效阻止 Cu 元素向 In 焊接区的快速扩散。通过在薄的扩散势垒层表面溅射 0.3mm 薄的 Au 层可以有效改进势垒层的润湿性能，并阻止 Au-Sn 合金中 Sn 的损耗。焊料层、半导体材料以及热沉的氧化必须通过表面镀金层来减少，传统上用液体助焊剂来减少氧化层以提高润湿性能，降低焊层表面张力，但是由于液体助焊剂的腐蚀性和残留物会降低光电子器件封装的稳定性，因此限制了它的使用。通常在低的焊接温度下（200～230℃），采用醋酸或蚁酸蒸气作为助焊剂。在高于 300℃ 时，最常用的方法是采用含氢的气体（如 H_2-N_2 或 H_2-Ar_2 混合气体）作为保护，来防止氧化物的形层，提高焊接的稳定性和可靠性。

半导体接收光器件的封装主要是实现半导体光电探测器的光和电的互联。它同样需要考虑封装过程中电、热、光和密封环境的影响，只是与激光器管芯封装相比这些因素中除电信号或噪声的影响因素相对较大外，其他因素的影响相对要弱一些。

6.4.3　光纤金属化与耦合封装工艺

光纤金属化是耦合封装的关键。图 6-17 是金属化光纤示意图。由于光纤不导电，光纤金属化只能采用真空蒸发（或溅射）和化学镀的方法。从均匀性和产能的角度考虑，光纤金属化一般采用化学镀的方法。为了提高光纤表面的附着力，一般先在光纤表面化学镀镍打底，然后再在镍表面镀金。根据不同的需要来选择镀层厚度，镀层厚度通常为：Ni，$1 \sim 4\mu m$；Au，$0.5 \sim 2\mu m$。

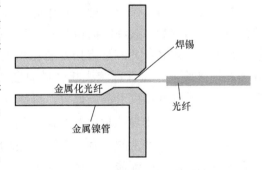

光纤经过金属化之后即可用于耦合封装。总体而言，光纤耦合可以分为光纤与发光管、光纤与激光器（LD）、光纤与光电二极管

图 6-17　金属化光纤示意图

（PIN）或雪崩二极管（APD）的耦合。根据具体耦合结构形式，耦合可以分为：直接耦合、半球和球形透镜耦合、柱状透镜耦合、圆锥形透镜耦合、凸透镜耦合、自聚焦透镜耦合等多种。其中直接耦合的耦合效率极限约为 20%（即耦合损失最低只能降到 7dB 左右）；通过在光纤端面和管芯之间布置和设计光学器件，如：采用 LD＋柱状透镜＋自聚焦透镜＋光纤的组合光路设计，耦合效率可以达到 80% 以上，即耦合损失可以降至 1dB 左右。图 6-18 是尾纤型同轴器件耦合示意图。

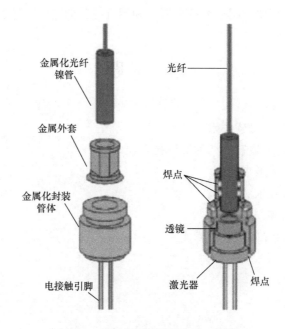

图 6-18　尾纤型同轴器件耦合示意图

对于双列直插、Mini-DIL、蝶形封装的耦合主要是通过光纤导向槽、镍支架、微调架的耦合调节及激光穿透焊接的方式来实现，蝶形封装耦合的内部结构如图 6-19 所示。

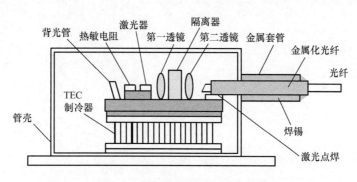

图 6-19　蝶形封装耦合的内部结构

总之，耦合工艺过程是指在垂直于光纤和管芯连线的界面上进行平面内的对中调节，以保证光性能指标的优化，同时通过调整光纤和管芯之间的间距来保证最佳焦距的耦合。

小　结

本章主要讲述了模组组装技术和光电子封装技术。模组组装技术部分主要介绍了两种常用的组装技术：通孔插装技术和表面贴装技术。通孔插装部分主要介绍了两种常见的引脚接合技术：弹簧固定式和焊接式。表面贴装技术部分主要介绍了 SMT 技术特点、组装方式、基本工艺、SMT 设计技术和检验测试技术。光电子封装部分简要介绍了光电子器件的封装形式和封装技术，然后简要介绍了光纤金属化和耦合封装的基本工艺过程。

习　题

6.1　简述常用的模组组装技术。

6.2　简述两种常用的通孔插装的引脚接合技术。

6.3　简述 SMT 的主要特点。

6.4　简述 SMT 的组装方式。

6.5　简述 SMT 的通用工艺流程。

6.6　简述光电子器件的封装形式。

参 考 文 献

[1]　李可为. 集成电路芯片封装技术 [M]. 2 版. 北京：电子工业出版社，2013.

[2]　金玉丰，王志平，陈兢. 微系统封装技术概论 [M]. 北京：科学出版社，2006.

[3]　张楼英. 微电子封装技术 [M]. 北京：高等教育出版社，2011.

[4]　中国电子学会生产技术学分会丛书编委会. 微电子封装技术 [M]. 合肥：中国科学技术大学出版社，2005.